全国机械行业职业教育优质规划教材（高职高专）

经全国机械职业教育教学指导委员会审定

简单机械零部件手工制作

主　编　杨林建

副主编　贾颖莲　袁　新　徐　燕

参　编　徐化文　王俊英　刘淑香

主　审　刘　旭

U0317208

机械工业出版社

本书共分5章，介绍了简单机械零部件手工制作的基本知识，内容包括常用金属材料、公差与配合、常用量具、钳工操作基本技能训练（划线加工、锯削加工、錾削加工、锉削加工、孔加工、螺纹的加工、刮削加工、研磨加工、矫正与弯曲）、考核试题。

本书可作为高职高专机械制造类专业、电子信息类专业、建筑电气与智能化专业等的实训教材，也可用作初级钳工和中级钳工职业技能鉴定教材，还可供工程技术人员参考。

本书配有电子课件，凡使用本书作为教材的教师可登录机械工业出版社教育服务网 www.cmpedu.com 注册后下载。咨询邮箱：cmpgaozhi@ sina.com。咨询电话：010-88379375。

图书在版编目（CIP）数据

简单机械零部件手工制作/杨林建主编. —北京：机械工业出版社，2018.1

全国机械行业职业教育优质规划教材. 高职高专

ISBN 978-7-111-58716-3

Ⅰ.①简…　Ⅱ.①杨…　Ⅲ.①机械元件-制作-高等职业教育-教材

Ⅳ.①TH16

中国版本图书馆 CIP 数据核字（2017）第 306971 号

机械工业出版社（北京市百万庄大街22号　邮政编码100037）

策划编辑：刘良超　责任编辑：刘良超　责任校对：郑　婕

封面设计：鞠　杨　责任印制：张　博

三河市宏达印刷有限公司印刷

2018 年 4 月第 1 版第 1 次印刷

184mm×260mm · 10.75 印张 · 261 千字

0001— 1900 册

标准书号：ISBN 978-7-111-58716-3

定价：29.80 元

前　言

本书主要根据简单机械零部件手工制作技术人员的实际工作需要，考虑简单机械零部件手工制作（钳工）的基本要求，按照"必需、够用"的理论和技能需要进行编写，编写过程中注重学生的职业能力培养、职业实践技能训练；注重学生解决实际问题的能力及自学能力的培养，结合工程实际，介绍常用的材料、量具、设备等相关知识。

按照高职教育的特点，高职类教材在实用性、通有性和新颖性方面有其特殊的要求，即教材的内容要基于学生在毕业后的工作需要，注重与工作过程相结合；教材内容要实用，容易理解，能反映当前简单机械零部件手工制作基本状况和发展趋势，要有利于学生的技能培养。本书就是基于这种思路编写的。

本书共5章，内容包括常用金属材料、公差与配合、常用量具、钳工操作基本技能训练（划线加工、锯削加工、錾削加工、锉削加工、孔加工、螺纹的加工、刮削加工、研磨加工、矫正与弯曲）、考核试题。

本书有以下特点：

1）内容的选择和安排上依据由简单到复杂的原则，全书配有工业应用图例和典型的钳工制作实际操作图，学生易学，教师易教。

2）实践性强，注重理论知识培养的同时，增加了技能训练。在编写过程中注重学生工程素养和综合能力的培养。

3）考虑工业企业应用实际，本书介绍了简单机械零部件手工制作的基础知识，同时介绍了中等复杂机械零部件制作的基本方法和考核标准，便于工程技术人员和学生触类旁通。

4）实用性强，力求注重实用，内容简明扼要、生动易懂、图文并茂，加强针对性和实训指导性，便于教师讲课和学生的学习及应用，同时注重提高学生在学习和实训中的学习兴趣，培养科学严谨的作风。

本书由四川工程职业技术学院杨林建教授担任主编，江西交通职业技术学院贾颖莲、四川工业科技学院袁新、徐燕担任副主编，刘旭担任主审。第1章由杨林建编写，第2章由王俊英、刘淑香编写，第3章由贾颖莲编写，第4章由徐化文编写，第5章由袁新、徐燕编写。

书中参考了部分专业资料和书籍，在此对其作者表示感谢。

由于编者水平有限，加之编写时间仓促，书中不足之处在所难免，恳请广大读者批评指正。

编　者

目　录

第1章

常用金属材料

【本章主要知识点】

1）强度是指金属材料在静载荷作用下抵抗变形或断裂的能力。

2）金属材料受力时抵抗弹性变形的能力称为刚度。

3）硬度是指金属材料抵抗更硬的物体压入其内的能力。硬度主要包括布氏硬度、洛式硬度和维氏硬。

4）碳的质量分数 $w_C \leqslant 2.11\%$ 的铁碳合金称为钢，碳的质量分数 $w_C > 2.11\%$ 的铁碳合金称为铸铁。

5）钢按含碳量高低可分为低碳钢、中碳钢、高碳钢，其中低碳钢的 $w_C \leqslant 0.25\%$；中碳钢的 $w_C = 0.25\% \sim 0.6\%$；高碳钢的 $w_C > 0.6\%$。

6）灰铸铁的牌号为 "HT" +数字（最小抗拉强度），如 HT100。

由金属材料制成的零部件在工作过程中会受到各种各样的外力作用，如动载荷、静载荷。金属材料在不同载荷形式作用下所表现出的特性称为力学性能。力学性能指标有强度、刚度、硬度、塑性、冲击韧度等。

金属材料在载荷作用下的变形有弹性变形和塑性变形两种形式。所谓弹性变形是随着载荷作用而产生，随着载荷的去除而消失的变形；塑性变形则是不随载荷的去除而消失的变形。塑性变形和断裂是金属材料在静载荷作用下的主要失效形式。

1.1 金属材料的力学性能

强度是指金属材料在静载荷作用下抵抗变形或断裂的能力。塑性是指金属材料在载荷作用下发生塑性变形而不发生断裂破坏的能力。刚度反映了材料产生弹性变形的难易程度。金属材料的强度和塑性是在静载荷作用下测定的，静载荷是指大小、方向不变或变化缓慢的载荷。

1.1.1 强度

国家标准 GB/T 228.1—2010《金属材料 拉伸试验 第1部分：室温试验方法》规定，选用形状如图 1-1a 所示的定比例圆截面试样做拉伸试验测量强度。图中 L_0 为试样的原始标距，L_1 为试样变形后的标距（图中无），L_a 为试样的断后标距。

采用上述试样进行拉伸试验，并记录其拉力-伸长曲线（应力-应变曲线），图 1-1b 中 R 为应力，其计算公式为

$$R = \frac{F}{S_o} \tag{1-1}$$

式中　F——拉伸载荷，单位为 N；

S_o——试样原始横截面积，单位为 mm²。

ε 为应变，其计算式为

$$\varepsilon = \frac{\Delta L}{L_o} \times 100\% = \frac{L_1 - L_o}{L_o} \times 100\% \tag{1-2}$$

从图 1-1b 中可以看出，整个拉伸过程大致可分为四个阶段。

1）弹性变形阶段（图中 OA' 段）。OA 为直线段，在此阶段，应力与应变呈正比例关系，即符合胡克定律。OA' 段内，材料发生的是弹性变形，若卸除拉力，试样能完全恢复到原来的形状和尺寸。

2）屈服变形阶段（图中 BC 段）。当拉力继续增加时，试样将产生塑性变形，并且在曲线上出现接近水平的有微小波动的锯齿状线段。说明在此阶段内，应力虽有微小的波动，但基本保持不变，而应变则迅速增加，表明此时试样暂时几乎失去抵抗变形的能力，这种现象称为材料的屈服。

3）强化阶段（图中 CD 段）。屈服后曲线又呈上升趋势，表明试样又恢复了抵抗变形的能力，要使它继续变形就必须增加拉力，这种现象称为材料的强化。

4）缩颈阶段（图中 DE 段）。强化阶段后，变形就集中在试样的某一局部区域内，截面尺寸显著减小，出现缩颈现象。随后，试样承受拉伸力的能力迅速减小，最后试样在缩颈处被拉断。

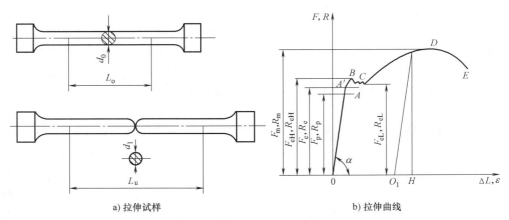

a）拉伸试样　　　　　　　　　　　b）拉伸曲线

图 1-1　拉伸试样与拉伸曲线

根据金属材料的变形特点，相应地得出其三个强度指标。

（1）弹性极限　金属材料保持弹性变形的最大应力，用 σ_e 表示。其计算公式为

$$\sigma_e = F_e / S_o \tag{1-3}$$

式中　F_e——弹性变形范围内的最大拉伸载荷，单位为 N。

（2）屈服强度　屈服强度是当金属材料呈现屈服现象时，在试验期间达到塑性变形发

生而力不增加的应力点。屈服强度分为上屈服强度和下屈服强度。上屈服强度是试样发生屈服而力首次下降前的最大应力，用 R_{eH} 表示；下屈服强度是在屈服期间，不计初始瞬时效应时的最小应力，用 R_{eL} 表示。

对于低塑性材料，由于屈服现象不明显，因此常将使此类材料产生一定的微量塑性变形（塑性变形为试样原始标距的 0.2%）的应力作为屈服应力，用 $R_{p0.2}$ 表示。其计算公式为

$$R_{p0.2} = F_{p0.2} / S_o \tag{1-4}$$

式中　$F_{p0.2}$——塑性变形量为试样原始标距的 0.2% 时的载荷，单位为 N。

（3）抗拉强度　抗拉强度是材料断裂前能够承受的最大应力，用 R_m 表示。其计算公式为

$$R_m = F_m / S_o \tag{1-5}$$

式中　F_m——对于无明显屈服（不连续屈服）的金属材料，为试验期间的最大力；对于有不连续屈服的材料，在加工硬化开始之前，试样所承受的最大力，单位为 N。

屈服强度和抗拉强度在机械设计和选择、评定金属材料时有重要意义。材料不能在超过其屈服强度的条件下工作，否则会引起机件的塑性变形；更不能在超过其抗拉强度的条件下工作，否则会导致机件的破坏。同时，还要考虑具有一定的屈强比（R_{eL}/R_m），因为屈强比越小，零件的安全性和可靠性越高；而屈强比越大，材料强度的有效利用率越高。

1.1.2　刚度

金属材料受力时抵抗弹性变形的能力称为刚度。刚度的衡量指标是弹性模量，用 E 表示。其计算公式为

$$E = \frac{\sigma}{\varepsilon} \tag{1-6}$$

式中　σ——在弹性变形范围内的应力，单位为 MPa；
　　　ε——在弹性变形范围内，应力作用下产生的应变，量纲为 1。

材料的弹性模量越大，其刚性越好，即材料保持自身形状的能力越强。工程上常用刚度来衡量一个构件或零件在受力时抵抗弹性变形的能力，它等于材料的弹性模量与零件或构件受力截面积之积。

正常工作情况下，不允许零件材料有过量的弹性变形，更不允许有明显的塑性变形。因此，对零件的刚度有确定的要求。零件的刚度除与受力截面积有关外，还和金属材料及其热处理方式有关。

1.1.3　塑性指标

金属材料的塑性指标用拉伸试验时试样的断后伸长率和断面收缩率表示。

1. 断后伸长率

断后伸长率是指断后标距的残余伸长（$L_u - L_o$）与原始标距（L_o）之比的百分率，用 A 表示。其计算公式为

$$A = \frac{\Delta L}{L_o} \times 100\% = \frac{L_u - L_o}{L_o} \times 100\% \tag{1-7}$$

2. 断面收缩率

断面收缩率是指断裂后试样横截面积的最大缩减量（$S_o - S_u$）与原始横截面积（S_o）之比的百分率，用 Z 表示。其计算公式为

$$Z = \frac{\Delta S}{S_o} \times 100\% = \frac{S_u - S_0}{S_o} \times 100\% \tag{1-8}$$

式中　S_u——试样断裂处的横截面积，单位为 mm^2。

材料的断后伸长率和断面收缩率数值越大，则材料的塑性越好。金属材料塑性的好坏，对于零件的使用和加工性能有着十分重要的影响。例如，低碳钢和铝合金等材料的塑性好，可以冲压成形。

1.1.4　硬度

硬度是指材料抵抗更硬的物体压入其内的能力，表示材料在一个小的体积范围内抵抗弹性变形、塑性变形或破断的能力。

硬度测试方法有压入法、划痕法和弹性回跳法。方法不同，硬度的物理意义也不同。压入法表征材料的塑性变形抗力及应变硬化能力。划痕法表征材料抵抗切断的能力。弹性回跳法表征金属弹性变形功的大小。

1. 布氏硬度

对一定直径的硬质合金球施加试验力压入试样表面，经规定保持时间后，卸除试验力，测量试样表面压痕的直径 d（mm），如图 1-2 所示。根据下式计算布氏硬度值 HBW

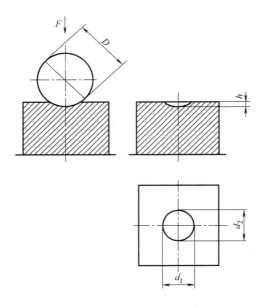

图 1-2　布氏硬度试验原理图

$$HBW = 常数 \times \frac{试验力}{压痕表面积} = 0.102 \frac{2F}{\pi D(D - \sqrt{D^2 - d^2})} \tag{1-9}$$

式中　F——试验力，单位为 N；

　　　D——硬质合金球直径，单位为 mm；

　　　d——压痕平均直径，单位为 mm，$d = \dfrac{d_1 + d_2}{2}$，d_1、d_2 分别为相互垂直方向上的两次

直径测量值。

实际测量时，测量出压痕平均直径 d，根据试验条件查表，即可得出布氏硬度值。

布氏硬度表示方法举例：

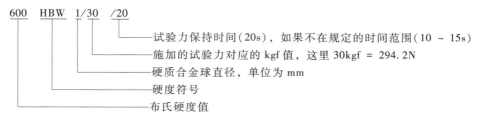

2. 洛氏硬度

洛氏硬度试验使用金刚石圆锥（顶角为 120°）、钢球或硬质合金球（直径为 1.5875mm 或 3.175mm）作为压头，按图 1-3 所示分两个步骤压入试样表面，经规定保持时间后，卸除主试验力 F_1 后，测量在初试验力 F_0 作用下的残余压痕深度 h。用压痕深度来表示材料的洛氏硬度值，并规定每压入 0.002mm 为一个硬度单位。

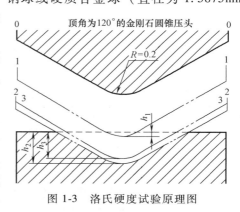

如图 1-3 所示，0-0 为压头未加试验力的位置。1-1 为压头在初试验力 F_0（100N）作用下压入试样的位置，深度为 h_1。2-2 为在总试验力 F 作用下压头压入试样的位置，深度为 h_2。3-3 是在卸除主试验力 F_1 后，压头压入试样的位置，深度为 h_3。洛氏硬度 HR 的计算公式为

图 1-3　洛氏硬度试验原理图

$$HR = N - \frac{h}{0.002} = N - \frac{h_3 - h_1}{0.002} \tag{1-10}$$

式中　N——常数，压头为淬火钢球时 $N = 130$，压头为金刚石圆锥时 $N = 100$；

　　　h——残余压入深度，单位为 mm。

洛氏硬度试验采用三种试验力、三种压头，它们可组合成 9 种不同的硬度标尺，用 A~H 8 个字母再加字母 K 表示。这 9 个标尺的应用涵盖了几乎所有常用的金属材料。最常用的标尺是 HRA、HRB 和 HRC。

洛氏硬度的表示方法：硬度值+HR+标尺字母。例如，60HRC 表示用 C 标尺测得的洛氏硬度值为 60。

值得注意的是，因为 HRA、HRB、HRC 采用的测头不同，试验压力、总载荷也不同，因此这三者之间不能换算。

洛氏硬度试验的优点是操作简便，可从表盘上直接读出硬度值，不用计算或查表，而且压痕小，可测量薄壁件，测定范围广。其缺点是精度稍差、硬度值重复性差。通常要在材料

的不同部位进行数次测定，取其平均值作为材料的硬度。

3. 维氏硬度

维氏硬度的测量原理和布氏硬度相似，所不同的是，维氏硬度测量时所用压头是顶角为136°的金刚石正四棱锥。试验时在载荷 F（N）的作用下，在试样表面上压出一个正方形的锥面压痕，测量正方形对角线平均长度 d（mm），计算出压痕表面积 S，按下式计算 HV 值

$$HV = \frac{0.102F}{S} = 0.102 \frac{2F\sin(136°/2)}{d^2} \approx 0.1891 \frac{F}{d^2} \tag{1-11}$$

除了可以根据上式计算维氏硬度值外，还可以根据所测得的 d 值，从维氏硬度表中直接查出硬度值。

维氏硬度试验根据试验力大小的不同，细分为三种试验，即维氏硬度试验、小负荷维氏硬度试验和显微维氏硬度试验。

维氏硬度表示方法举例：

维氏硬度试验的特点：①压痕是正方形，轮廓清晰，对角线测量准确，因此，维氏硬度试验是常用硬度试验方法中精度最高的；②重复性很好，这一点比布氏硬度优越；③测量范围广，可以测量目前工业上用到的几乎全部金属材料，从很软的材料（10HV 以下）到很硬的材料（3000HV）都可测量。

维氏硬度试验最大的优点在于其硬度值与试验力的大小无关，只要是硬度均匀的材料，就可以任意选择试验力，其硬度值不变。这就相当于在一个很宽的硬度范围内具有一个统一的标尺。在中、低硬度值范围内，在同一均匀材料上，维氏硬度试验和布氏硬度试验结果会得到近似的硬度值。

1.1.5 冲击韧度和疲劳强度

在工程实际中，很多构件所承受载荷的大小、方向均有可能随着时间发生变化。这种大小、方向随着时间发生变化的载荷在材料力学中称为动载荷。加载速度很快，作用时间很短的载荷称为冲击载荷；若载荷的大小和方向随时间作周期性变化，则称为交变载荷。为了衡量构件材料抵抗冲击载荷和交变载荷而不被破坏的能力，通常通过试验测定冲击韧度和疲劳强度来评定。

1. 冲击韧度

材料抵抗冲击载荷而不被破坏的能力称为冲击韧度。材料的冲击韧度通常采用图 1-4 所示的试验获得。

将带有缺口的标准冲击试样安放在冲击试验机的支座上，试样缺口背向摆锤冲击方向。使质量为 m 的摆锤从一定高度 h_1 落下，将试样冲断，冲断试样后，摆锤继续摆升到 h_2 的高度。摆锤冲断试样所消耗的能量称为冲击吸收能量。标准试样缺口有 U 型和 V 型两种，摆

锤刀刃尺寸有 2mm 和 8mm 两种，因此，冲击吸收能量分别用 KU_2、KU_8 和 KV_2、KV_8 表示。冲击吸收能量的数值可从冲击试验机的刻度盘上直接读出，其单位为 J。

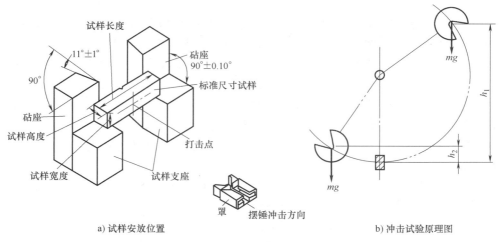

a) 试样安放位置　　　　　　　　　　　　　　b) 冲击试验原理图

图 1-4　冲击韧度试验原理图

在一次冲断条件下，测得的冲击吸收能量对于判断材料抵抗大能量冲击的能力有一定意义。一般把冲击韧度差的材料称为脆性材料，冲击韧度好的材料称为韧性材料。试验表明，冲击韧度取决于材料及其状态，同时与试样的形状、尺寸有很大关系。它对材料的内部结构缺陷、显微组织的变化很敏感，如夹杂物、偏析、气泡、内部裂纹、钢的回火脆性、晶粒粗化等都会使冲击韧度明显变差。同种材料的试样，缺口越深、越尖锐，缺口处应力集中程度越大，越容易变形和断裂，冲击吸收能量越小，材料表现出来的脆性越高。因此，对于不同类型和尺寸的试样，不能直接比较它们的冲击韧度。

另外，材料的冲击韧度随温度的降低而变差，且在某一温度范围内，冲击韧度急剧变差，这种现象称为冷脆，此温度范围称为韧脆转变温度。

当材料承受的载荷是小能量、多次冲击时，其冲击韧度主要取决于材料的强度。材料强度越高，则冲击韧度越好。如果冲击能量大、冲击次数少，则冲击韧度主要取决于材料的塑性，材料的塑性越高，则冲击韧度越好。因此，冲击韧度一般只作为设计和选材的参考。

2. 疲劳和疲劳强度

许多机械零件，如轴、齿轮、轴承、叶片、弹簧等，在工作过程中各点的应力随时间做周期性变化，这种随时间做周期性变化的应力称为交变应力（也称为循环应力）。在交变应力的作用下，虽然零件所承受的应力低于材料的屈服强度，但经过较长时间的工作后产生裂纹或突然发生完全断裂的现象称为金属疲劳现象。在循环加载的情况下，在材料某处会发生局部的、永久性的损伤递增过程，经足够的应力或应变循环后，损伤累积可使材料产生裂纹，或使裂纹进一步扩展至完全断裂。材料出现可见裂纹或者完全断裂都称为疲劳破坏。

疲劳破坏是一种损伤积累的过程，因此它的力学特征不同于静力破坏。两者的不同之处在于：在循环应力远小于静强度极限时，破坏就可能发生，因此，即便是塑性材料也没有显著的塑性变形。疲劳破坏具有突发性，因此具有很大的危险性。据统计，损坏的机械零件中

80%以上是由金属疲劳引起的。

金属疲劳破坏可分为三个阶段：微观裂纹扩展阶段、宏观裂纹扩展阶段和瞬时断裂阶段。

（1）微观裂纹扩展阶段　在循环加载情况下，由于零件内部微观组织结构的不均匀性，某些薄弱部位首先形成微观裂纹，此后，裂纹即沿着与主应力约成45°角的最大剪应力方向扩展。在此阶段，裂纹长度大致在0.05mm以内。若继续加载，微观裂纹就会发展成为宏观裂纹。

（2）宏观裂纹扩展阶段　裂纹基本上沿着与主应力垂直的方向扩展。借助电子显微镜，可在断口表面上观察到此阶段中每一应力循环所遗留的疲劳条带。

（3）瞬时断裂阶段　当裂纹扩大到使零件残存截面不足以抵抗外载荷时，零件就会在某一次加载下突然断裂。

在疲劳宏观断口上往往有两个区域：光滑区域和颗粒状区域。疲劳裂纹的起始点称为疲劳源。实际构件上的疲劳源总是出现在应力集中区，裂纹从疲劳源向四周扩展，如图1-5所示。由于反复变形，裂纹的两个表面时而分离，时而挤压，这样就形成了光滑区，即疲劳裂纹第二阶段扩展区域。第三阶段的瞬时断裂区域表面呈现较粗糙的颗粒状。如果循环应力的变化不是稳态的，应力幅值不保持恒定，裂纹扩展忽快、忽慢或者停顿，则在光滑区域上形成肉眼可见的贝壳状或海滩状纹迹的疲劳弧线。

试验证明，金属材料所承受的交变应力与断裂前的循环次数 N 有关。由图1-6可知，当 σ 低于某个值时，曲线与横坐标近似平行，表示材料可经无数次循环应力作用而不断裂，把该最大应力称为疲劳强度，用 S 表示。根据疲劳曲线可知，交变应力越小，断裂前所能承受的循环次数越多；交变应力越大，可承受的循环次数越少。工程上用的疲劳强度指的是在一定基数下不发生断裂的最大应力。通常规定钢铁材料的循环基数取 $10^6 \sim 10^7$ 次，非铁金属取 10^8 次。

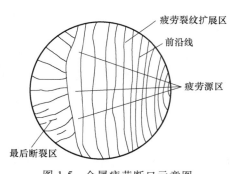

图1-5　金属疲劳断口示意图

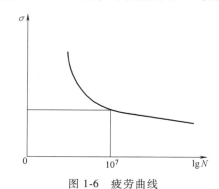

图1-6　疲劳曲线

影响金属疲劳强度的因素很多。其中，主要有零部件的工作条件、金属材料的化学成分、表面质量、残余应力等。因此，改善零件的结构形状，减缓应力集中，采用合理的零件结构来减轻振动，降低零件的表面粗糙度值，采用各种表面强化方法等都能提高零件的疲劳强度。

1.2　金属材料的工艺性能

工艺性能是指材料在成形过程中，对某种加工工艺的适应能力。它是决定材料能否进行加工或如何进行加工的重要因素，材料工艺性能的好坏，会直接影响机械零件的加工工艺方法、加工质量、制造成本等。材料的工艺性能主要包括铸造性能、压力加工性能、焊接性能、切削加工性能、热处理性能等。

1.2.1　铸造性能

铸造是将金属熔炼成符合一定要求的液体并浇进铸型型腔内，经冷却凝固获得有预定形状、尺寸和性能的零件的工艺过程。金属材料在铸造成形过程中，获得优良铸件的能力称为金属的铸造性能。因为铸造常用来制造重型、结构复杂，尤其是内腔复杂的零件，所以衡量金属材料铸造性能的指标主要有流动性、收缩性等。流动性好、收缩性小的材料对铸造形状复杂的薄壁零件有利。

1.2.2　压力加工性能

金属压力加工，又称为金属塑性加工，是指在不改变金属体积的情况下，利用金属在外力作用下所产生的塑性变形，来获得具有一定形状、尺寸和力学性能的原材料、毛坯或零件的生产方法。而金属经过压力加工获得优质原材料、毛坯或零件的能力，称为金属的压力加工性能。金属压力加工主要是让金属发生塑性变形，因此，金属材料的塑性直接影响其压力加工性能，比如，低碳钢的压力加工性能好于高碳钢。

金属冷压力加工能够使金属材料结构更致密，同时在冷态塑性变形中，使金属的某些性能指标，如屈服强度、硬度等得到提高，而另一些力学性能，如断后伸长率降低的现象称为冷作硬化，又称为冷加工硬化。一方面，冷加工硬化会给零件的再加工增加困难；另一方面，也可以利用这种现象，如冷拉高强度钢丝和冷卷弹簧等，即利用冷加工硬化来提高材料的强度和弹性极限。

1.2.3　焊接性能

焊接是指对两被焊工件（同种材质或异种材质），通过加热或（和）加压，用或不用填充材料，使其材质达到原子间键和而形成永久性连接的工艺过程。金属材料的焊接性能与焊接接头中的化学成分以及焊接时产生的组织有关。

一方面，钢材焊接性能的好坏主要取决于它的化学组成。其中影响最大的是碳元素，钢材中含碳量的多少决定了它的焊接性能。含碳量越高，焊接的裂纹倾向越高。一般来说，碳的质量分数大于 0.25% 的钢材不应用于制造锅炉、压力容器等承压元件。

另一方面，焊接性能的好坏还受焊接方法、焊接时的温度、压力等外界因素的影响。例如，现代高强度合金轿车车身修复采用的电阻点焊，其焊接质量主要受焊接时的压力、电流、通电时间的影响。

1.2.4　切削加工性能

材料接受切削加工的难易程度称为材料的切削加工性能。

一般来说，材料的硬度适中（180~220HBW），其切削加工性能良好，所以灰铸铁的切削加工性比钢好，碳素钢的切削加工性比合金钢好。

1.2.5 热处理性能

金属材料进行热处理时表现出来的性能称为热处理性能。一般通过热处理来提高金属材料的力学性能，如采用渗碳淬火强化变速器轴类零件、差速器齿轮、转向器轴齿件、发动机活塞销等。

1.3 钢铁材料

钢铁材料是钢和铸铁的总称，它们均是以铁和碳为主要成分的铁碳合金。从化学成分来看，碳的质量分数 $w_C \leq 2.11\%$ 的铁碳合金称为钢，$w_C > 2.11\%$ 的铁碳合金称为铸铁。

钢按其化学成分分为碳素钢和合金钢。碳素钢的主要成分是铁和碳。在碳素钢的基础上，冶炼时有意加入某些合金元素就形成了合金钢。除了加入的合金元素之外，钢中还含有一些杂质元素，如硅、锰、硫、磷等，其中硫、磷为有害元素，必须严格控制其含量。

钢铁材料的分类方式很多，按照化学成分分为碳素钢（简称碳钢）、合金钢和铸铁三种；按照用途分为结构钢、工具钢和特殊性能钢。

1.3.1 碳素钢

1. 常存杂质对钢性能的影响

碳素钢就是 $w_C \leq 2.11\%$ 的铁碳合金，实际使用的碳素钢 $w_C < 1.5\%$，其中还含有少量锰、硅、硫、磷等杂质。

1）锰。锰是钢中的有益元素，锰具有很好的脱氧能力，通常作为脱氧剂进入钢中。炼钢时用锰铁脱氧而残留在钢中的锰可与硫形成 MnS 存在于钢中。它还可以提高钢的淬透性，从而改善高锰钢的热处理性能。

2）硅。硅也是钢中的有益元素，它也是作为脱氧剂而进入钢中的，硅的脱氧能力比锰还强，它还能提高钢的强度及质量。硅作为杂质，一般 w_{Si} 不应超过 0.4%。

3）硫。硫是钢中的有害元素，常以 FeS 的形式存在。FeS 与 Fe 形成低熔点的共晶体，熔点为 985℃，分布在晶界上，当钢材在 $1000 \sim 1200\text{℃}$ 进行压力加工时，共晶体熔化，使钢材变脆，这种现象称为热脆性。为了避免热脆，必须严格控制钢中的含硫量，通常应使 $w_S < 0.05\%$。

4）磷。磷也是钢中的有害元素，它使钢在低温时变脆，这种现象称为冷脆性。因此，也要严格控制钢中的含磷量，通常应使 $w_P < 0.045\%$。

5）氢。钢中的氢能造成氢脆、白点等缺陷，是有害元素。

2. 碳素钢的分类

碳素钢的分类方法有三种。

（1）按钢中碳的质量分数分类　分为低碳钢、中碳钢和高碳钢。其中低碳钢的 $w_C \leq 0.25\%$；中碳钢的 $w_C = 0.25\% \sim 0.6\%$；高碳钢的 $w_C > 0.6\%$。

（2）根据钢中有害杂质 S、P 的质量分数分类　普通钢：$w_S \leq 0.055\%$，$w_P \leq 0.045\%$；优质钢：w_S、w_P 均 $\leq 0.04\%$；高级优质钢：w_S、w_P 均 $\leq 0.03\%$。

（3）按用途分类　分为碳素结构钢和碳素工具钢。碳素结构钢用于制造工程结构（如桥梁、船舶、建筑、高压容器等）和机械零件（如齿轮、轴、螺钉、螺母、连杆等），这类钢一般为低、中碳钢。碳素工具钢用于制造各种工具（如刃具、模具和量具等），这类钢一般为高碳钢。

3. 碳素钢的牌号和用途

与合金钢相比，碳素钢冶炼方便、价格低廉、产量大，且具有优良的锻造性、焊接性和切削加工性能，能满足许多场合中机械加工用钢的要求，故在工业中应用非常广泛。

（1）碳素结构钢 碳素结构钢是工程中应用最多的钢种，其产量约占钢总产量的 70%～80%，其力学性能见表 1-1。国家标准 GB/T 700—2006 规定，碳素结构钢牌号由以下四部分组成：

1）屈服强度字母：Q 代表钢屈服强度"屈"字的汉语拼音字首。

2）屈服强度数值（单位为 MPa）。

3）质量等级符号：A、B、C、D 级，从 A 到 D 依次提高。

4）脱氧方法符号：F 为沸腾钢，Z 为镇静钢、TZ 为特殊镇静钢。在牌号中若为 Z 和 TZ，则予以省略。

例如，Q235AF 表示屈服强度为 235MPa 的 A 级沸腾钢。

表 1-1 碳素结构钢的力学性能

牌号	等级	最小屈服强度 R_{eL}/MPa					
		钢材厚度或直径/mm					
		≤16	>16～40	>40～60	>60～100	>100～150	>150～200
Q235	A、B C、D	235	225	215	205	195	185
Q275		275	265	255	245	225	215

碳素结构钢的用途：Q195、Q215、Q235A、Q235B 等钢的塑性较好，有一定的强度，通常轧制成钢筋、钢板、钢管等，可用作桥梁、建筑物等构件，也可用于制造普通螺钉、螺母、铆钉等；Q235C、Q235D 等钢可用于制造重要的焊接件；Q235、Q275 等钢的强度较高，可轧制成型钢、钢板作构件用。

碳素结构钢主要是保证力学性能。一般情况下，在热轧状态使用，不再进行热处理。但对于某些零件，也可以进行正火、调质、渗碳等处理，以提高其使用性能。

（2）优质碳素结构钢 这类钢与碳素结构钢相比，钢中的 S、P 及其他有害杂质的含量较少，纯洁度、均匀性及表面质量均较好，因而强度较高，塑性和韧性较好。通常还经过热处理来进一步调整和改善其性能，因此应用很广，适合制造各种机器零件。优质碳素结构钢在出厂时，既要保证力学性能，又要保证化学成分，一般都在热处理后使用。根据国家标准 GB/T 699—2015，常用优质碳素结构钢的牌号、力学性能及用途见表 1-2。

表 1-2 常用优质碳素结构钢的牌号、力学性能和用途

牌号	试样毛坯尺寸/mm	力学性能（不小于）					应用举例
		R_{eL}/MPa	R_m/MPa	A（%）	Z（%）	冲击吸收能量 KU_2/J	
08	25	195	325	33	60	—	这类低碳钢由于强度低、塑性好，易于冲压和焊接，一般用于制造受力不大的零件，如螺栓、螺母、垫圈、销轴等
10	25	205	335	31	55	—	
15	25	225	375	27	55	—	
20	25	245	410	25	55	—	
25	25	275	450	23	50	71	

（续）

牌号	试样毛坯尺寸/mm	力学性能（不小于）					应用举例
		R_{eL}/MPa	R_m/MPa	$A(\%)$	$Z(\%)$	冲击吸收能量 KU_2/J	
30	25	295	490	21	50	63	这类中碳钢的综合力学性能和切削加工性能均较好，可用于制造受力较大的零件，如主轴、曲轴、齿轮、连杆等
35	25	315	530	20	45	55	
40	25	335	570	19	45	47	
45	25	355	600	16	40	39	
50	25	370	630	14	40	31	
55	25	380	645	13	35	—	这类钢具有较高的强度、弹性和耐磨性，主要用于制造凸轮、弹簧、钢丝绳等
60	25	400	675	12	35	—	
65	25	410	695	10	30	—	
70	试样	420	715	9	30	—	

根据含碳量、热处理方式和用途的不同，优质碳素结构钢还可分为渗碳钢（$w_C = 0.15\% \sim 0.25\%$）、调质钢（$w_C = 0.25\% \sim 0.5\%$）和弹簧钢（$w_C = 0.55\% \sim 0.9\%$）三类。表1-2中的15、20、25钢属于渗碳钢，30、40、45、50、55钢属于调质钢，60、65、70钢属于弹簧钢。

（3）碳素工具钢　碳素工具钢是 $w_C = 0.65\% \sim 1.35\%$ 的优质或高级优质高碳钢。碳素工具钢因为生产成本低，冷、热加工性能好，热处理工艺简单，热处理后有相当高的硬度，切削热不高时也具有较好的耐磨性，所以在生产上获得了广泛应用。其牌号是以"T"后面附加数字来表示的。数字表示钢中的碳的质量分数，以0.1%为单位。例如，T8、T12分别表示平均 w_C 为0.8%和1.2%的碳素工具钢。其中，T8钢常用于制作钳工用的钳子、锤子等；T10钢常用于制作钳工锯条、刨削用的刨刀等；T12钢可用于制作锉刀、丝锥等。若为高级优质碳素工具钢，则在牌号末尾再加上字母"A"，如T12A。

1.3.2　铸铁

钳工工具中，以铸铁为制作材料的主要是钳工工作台和虎钳。因此，这里只简单介绍一下铸铁。

铸铁是 $w_C > 2.11\%$ （一般为2.5% ~ 4.0%）的铁碳合金。铸铁中的碳主要以两种形式存在：渗碳体（Fe_3C）和游离状石墨。其中，铁液冷却速度较快时，碳以 Fe_3C 的形式出现；而铁液的冷却速度慢时，碳则以游离状石墨的方式析出。

1. 铸铁的种类

根据碳在铸铁中存在的形式和石墨的形状（铸铁中石墨的形状主要有片状、球状、蠕虫状、团絮状等）不同，铸铁常被分为以下类型

1）白口铸铁：碳绝大部分以渗碳体的形式存在，断口呈银白色，硬度高。

2）灰铸铁：碳大部分或全部以片状石墨形式存在，断口呈灰黑色。

3）蠕墨铸铁：碳大部分或全部以蠕虫状石墨形式存在。

4）球墨铸铁：碳大部分或全部以球状石墨形式存在。

5）可锻铸铁：碳大部分或全部以团絮状石墨形式存在。

事实上，铸铁中还含有比碳钢中多的硅、锰、硫、磷等杂质。为了改善铸铁的物理、化学性能和提高其力学性能，还可加入一定量的铬、钼、铜、钒、铝等合金元素，得到具有特殊性能的合金铸铁，如耐热铸铁、耐蚀铸铁、耐磨铸铁等。

2. 常用铸铁的牌号、组织与性能

铸铁中的石墨形态、尺寸以及分布状况对其性能影响很大。

（1）灰铸铁 灰铸铁是价格最便宜、应用最广泛的一种铸铁，在各类铸铁的总产量中，灰铸铁占80%以上。铁液在缓慢冷却凝固时，将发生石墨化，析出片状石墨。其断口的外貌呈浅灰色，所以称为灰铸铁。

灰铸铁的牌号表示方法："HT"+数字（抗拉强度），如HT100、HT150、HT200等。

在同一牌号中，随铸件壁厚的增加，其抗拉强度降低。因此，根据零件的性能要求选择铸铁牌号时，必须同时注意零件的壁厚尺寸。

灰铸铁的性能与普通碳钢相比，具有如下特点：

1）力学性能差，其抗拉强度和塑性、韧性都远远低于钢。这是由于灰铸铁中片状石墨（相当于微裂纹）的存在，不仅会在其尖端处引起应力集中，而且破坏了基体的连续性，这是灰铸铁抗拉强度很差，塑性和韧性几乎为零的根本原因。但是在受压时，灰铸铁中片状石墨破坏基体连续性的影响大为减轻，其抗压强度是抗拉强度的2.5~4倍。所以常用灰铸铁制造机床床身、底座等耐压零部件。

2）耐磨性与减振性好。由于铸铁中的石墨有利于润滑及储油，所以其耐磨性好。同样，由于石墨的存在，灰铸铁的减振性优于钢。

3）工艺性能好。由于灰铸铁的含碳量高，接近于共晶成分，故其熔点比较低、流动性良好、收缩率小，因此，适合铸造结构复杂的铸件或薄壁铸件。另外，由于石墨的存在，灰铸铁件在切削加工时易于形成断屑，所以灰铸铁的切削加工性能优于钢。

（2）球墨铸铁 灰铸铁经孕育处理后虽然未能改变石墨的形态，但细化了石墨片。改变石墨形态是大幅度提高铸铁力学性能的根本途径，而球状石墨是最为理想的一种石墨形态。为此，在浇注前向铁液中加入球化剂和孕育剂进行球化处理和孕育处理，可获得石墨呈球状分布的铸铁，称其为球墨铸铁。球墨铸铁牌号的表示方法："QT"加用"−"分隔的两组数字，这两组数字分别表示抗拉强度和断后伸长率，如QT400-18、QT700-2等。

由于球状石墨对金属基体截面的削弱作用较小，使得基体比较连续，而且在拉伸时引起应力集中的效应明显减弱，从而使基体的有效承载面积可以从灰铸铁的30%~50%提高到70%~90%。因此，与灰铸铁相比，球墨铸铁具有较高的抗拉强度和弯曲疲劳极限，也具有相当良好的塑性及韧性。但是，球墨铸铁的减振性比灰铸铁低很多。

球墨铸铁可以在一定条件下代替铸钢、锻钢等，用于制造受力复杂、负荷较大和要求耐磨的铸件。例如，具有高强度与耐磨性的珠光体球墨铸铁常用来制造内燃机曲轴、凸轮轴、轧钢机轧辊等；具备高韧性和塑性的铁素体球墨铸铁常用来制造阀门、汽车后桥壳、收割机导架等。

（3）蠕墨铸铁 蠕墨铸铁是由铁液经变质处理和孕育处理再冷却凝固后所获得的一种铸铁。通常采用的变质元素（又称蠕化剂）有稀土硅铁镁合金、稀土硅铁合金、稀土硅铁钙合金或混合稀土等。

蠕墨铸铁的石墨形态介于片状石墨和球状石墨之间。灰铸铁中石墨片的特征是片长、较薄、端部较尖。球墨铸铁中的石墨大部分呈球状，即使有少量团状石墨，基本上也是互相分离的。而蠕墨铸铁的石墨形态在光学显微镜下看起来像片状，但不同于灰铸铁的是，其片较短而厚、头部较圆，形似蠕虫。所以可以认为，蠕虫状石墨是一种过渡型石墨形态。

蠕墨铸铁牌号中的"RuT"表示"蠕铁"二字汉语拼音的字首，其后的数字表示抗拉强度。

由于蠕墨铸铁的组织是介于灰铸铁与球墨铸铁之间的中间状态，所以蠕墨铸铁的性能也介于两者之间，即强度和韧性高于灰铸铁，但不如球墨铸铁。蠕墨铸铁的耐磨性较好，适合制造重型机床床身、机座、活塞环、液压件等。

蠕墨铸铁的热导率比球墨铸铁高得多，几乎接近于灰铸铁，它的高温强度、热疲劳性能大大优于灰铸铁，适合制造承受交变热负荷的零件，如钢锭模、结晶器、排气管和气缸盖等。蠕墨铸铁的减振能力优于球墨铸铁，铸造性能接近于灰铸铁，铸造工艺简单、成品率高。

（4）可锻铸铁　可锻铸铁是由白口铸铁经长时间石墨化退火而获得的一种高强度铸铁。白口铸铁中的渗碳体在退火过程中分解出团絮状石墨，所以明显减轻了石墨对基体的割裂作用。与灰铸铁相比，可锻铸铁的强度和韧性有明显提高。

可锻铸铁的制作过程：先铸造成白口铸铁，再进行"可锻化"退火，将渗碳体分解为团絮状石墨，得到铁素体加团絮状石墨或珠光体（或珠光体及少量铁素体）加团絮状石墨。铁素体加团絮状石墨的可锻铸铁，其断口呈黑灰色，俗称黑心可锻铸铁，这种铸铁件的强度与塑性均较灰铸铁的高，非常适合铸造薄壁零件，是最为常用的一种可锻铸铁。而珠光体或珠光体与少量铁素体共存再加团絮状石墨的可锻铸铁件，其断口呈白色，俗称白心可锻铸铁，这种可锻铸铁应用不多。

由于可锻铸铁中石墨的形态为团絮状，不如灰铸铁中的片状石墨分割基体严重，因此其强度与韧性比灰铸铁高。可锻铸铁的力学性能介于灰铸铁与球墨铸铁之间，有较好的耐蚀性，但由于退火时间长、生产率极低，其使用受到了限制，一般用于制造形状复杂、承受冲击，且壁厚小于25mm的铸件（如汽车、拖拉机的后桥壳、轮壳等）。可锻铸铁也适合制造在潮湿空气、炉气和水等介质中工作的零件，如管接头、阀门等。值得注意的是，可锻铸铁不能用锻造的方法制成零件。

可锻铸铁牌号中的"KT"表示"可铁"二字汉语拼音的字母，"H"表示"黑心"，"Z"表示珠光体基体；其后的两组数字分别表示抗拉强度和断后伸长率。

（5）特殊性能铸铁　特殊性能铸铁与特殊性能钢相比，熔炼简便、成本较低。其缺点是脆性较大、综合力学性能不如钢。

1）耐磨铸铁。常用的耐磨铸铁有两种：耐磨灰铸铁和锰球墨铸铁。耐磨灰铸铁是指在灰铸铁中加入少量合金元素（如磷、钒、铬、钼、锑、稀土等）的铸铁。这些合金元素的加入增加了金属基体中珠光体的数量，使珠光体细化，同时也细化了石墨。从而提高了铸铁的强度、硬度，使其具有良好的润滑性和抗咬合、抗擦伤的能力，即增强了其耐磨性能。锰球墨铸铁是在稀土-镁球墨铸铁中加入 $5.0\% \sim 9.5\%$（质量分数）的 Mn，控制 $w_{Si} = 3.3\% \sim 5.0\%$，其组织为马氏体+奥氏体+渗碳体+贝氏体+球状石墨，具有较高的冲击韧性和强度，适合在同时承受冲击和磨损的条件下使用，可代替部分奥氏体锰钢和锻钢。中锰球墨铸铁常用于农机具上的耙片、犁铧以及球磨机磨球等零件。

2）耐热铸铁。普通灰铸铁的耐热性较差，只能在低于400℃的温度下工作。耐热铸铁是在高温下具有良好的抗氧化和抗热生长能力的铸铁。所谓热生长是指氧化性气氛沿石墨片边界和裂纹渗入铸铁内部，形成内氧化以及因渗碳体分解成石墨而引起体积的不可逆膨胀，结果是使铸件失去精度和产生显微裂纹。

在铸铁中加入硅、铝、铬等合金元素，使其在高温下形成一层致密的氧化膜（SiO_2、Al_2O_3、Cr_2O_3等），可使其内部不再继续氧化。此外，这些元素还会提高铸铁的临界点，使其在所使用的温度范围内不发生固态相变，以减少由此造成的体积变化，从而防止显微裂纹的产生。

耐热铸铁按其成分可分为硅系、铝系、硅铝系及铬系等类型。其中铝系耐热铸铁的脆性较大而铬系耐热铸铁的价格较贵，所以我国多采用硅系和硅铝系耐热铸铁。

3）耐蚀铸铁。提高铸铁耐蚀性的主要途径是合金化。在铸铁中加入硅、铝、铬等合金元素，能在铸铁表面形成一层连续致密的保护膜，可有效地提高铸铁的耐蚀性。而在铸铁中加入铬、硅、钼、铜、镍、磷等合金元素，可提高铁素体基体的电极电位，以提高铸铁的耐蚀性。另外，通过合金化，还可获得单相金属基体组织，减少铸铁中的微电池，从而提高其耐蚀性。

目前，应用较多的耐蚀铸铁有高硅铸铁、高硅钼铸铁、铝铸铁、铬铸铁、抗碱球墨铸铁等。

1.3.3　合金钢

所谓合金钢就是在化学成分上添加合金元素，以保证在一定的生产和加工工艺下获得所要求的组织与性能的铁基合金。一些在恶劣环境中使用的设备以及承受复杂交变应力、冲击载荷，在摩擦条件下工作的工件大部分用合金钢制造。

合金钢具有耐热、耐低温、耐蚀、耐磨等优异性能。但它也存在不足，如钢中加入合金元素往往使其冶炼、铸造、锻造、焊接及热处理等工艺比碳钢复杂，成本较高。因此，当碳钢能满足要求时，应尽量选用碳钢，而不随便选用合金钢，特别是高合金钢，以降低成本。

合金钢的分类方式很多。按特性和用途可分为合金结构钢、不锈钢、耐酸钢、耐磨钢、耐热钢、合金工具钢、滚动轴承钢、合金弹簧钢和特殊性能钢（如软磁钢、永磁钢、无磁钢）等。

一般来说，合金钢的牌号表示方法为：以平均万分数表示碳的质量分数+合金元素符号+相应合金元素的质量分数范围，如果合金元素的平均质量分数低于1.5%，则牌号中仅标明元素符号；合金元素的平均质量分数为1.5%~2.5%、2.5%~3.5%、3.5%~4.5%、4.5%~5.5%等时，相应合金元素符号后面用2、3、4、5等表示。例如，20MnV表示钢中碳的质量分数为0.20%，Mn的质量分数小于1.5%，V的质量分数小于1.5%。普通合金结构钢中S、P的质量分数均不大于0.030%；高级优质合金结构钢中S、P的质量分数均不大于0.020%；特级优质合金结构钢中$w_S \leq 0.010\%$，$w_P \leq 0.020\%$。

1. 低合金高强度结构钢

低合金高强度结构钢中含有少量的锰（主加元素）、钒、铌、钛等合金元素（总的质量分数一般在3%以下）。其中，Mn、Si的加入可固溶强化铁素体，增加珠光体的相对量，通过降低奥氏体分解温度来细化铁素体晶粒，使珠光体片变细，并可消除晶界上的粗大片状碳化。少量的 Nb、Ti、V 可在钢中形成细碳化物，会阻碍钢热轧时奥氏体晶粒的长大，有利于获得细小的铁素体晶粒；热轧时部分细碳化物固溶在奥氏体内，冷却时弥散析出，可以起到一定的沉淀强化作用，从而提高钢的强度和韧性。

低合金高强度结构钢的强度比碳素结构钢高 30%～150%，用它代替碳素结构钢使用，可以减轻结构自重，节约金属材料，提高承载能力并延长使用寿命。低合金高强度结构钢主要用来制造桥梁、车辆、高压容器、大型船舶、电站设备、锅炉管道、化工和石油高压厚壁容器等构件。根据国家标准 GB/T 1591—2008，常用低合金高强度结构钢的牌号、性能及用途见表1-3。

表 1-3　常用低合金高强度结构钢的牌号、性能及用途

牌号	质量等级	R_{eL}/MPa 公称厚度不大于16mm	R_m/MPa 公称厚度不大于40mm	A(%)	用　途
Q345	A	≥345	470～630	≥20	汽车保险杠、角撑、横梁、中横梁加强板等
	B				
	C			≥21	
	D				
	E				
Q390		≥390	490～650	≥20	压力容器、车辆、起重机等

2. 渗碳钢

渗碳钢中 w_C 一般为 0.10%～0.25%，以保证心部有足够的塑性和韧性。其主加元素为 Si、Mn、Cr、Ni、B，它们的主要作用是提高淬透性，以保证心部强度；辅加元素为 V、Ti、W、Mo，它们的主要作用是在渗碳时防止奥氏体晶粒长大，细化晶粒。另外，碳化物形成元素（Cr、V、Ti、W、Mo）还可以增大渗碳层硬度，提高耐磨性。

典型的渗碳钢有低、中、高淬透性渗碳钢三种。

（1）低淬透性渗碳钢　包括 20、20Cr、20MnV 钢等。其抗拉强度为 800～1000MPa，用于制造受力不大、要求耐磨并承受冲击的小型零件，如齿轮、销轴、活塞销等。

（2）中淬透性渗碳钢　20CrMnTi、20CrMnMo、12CrNi3 是使用较广泛的三种渗碳钢。其抗拉强度为 1000～1200MPa，用于制造尺寸较大、承受中等载荷的重要耐磨零件，如汽车中的齿轮。

（3）高淬透性渗碳钢　如 20Cr2Ni4、18Cr2Ni4WA 等，其抗拉强度在 1200MPa 以上，且具有良好的韧性，用于制造承受重载与强烈磨损的极为重要的大型零件，如飞机的发动机以及坦克、矿山机械的齿轮等。

3. 调质钢

调质钢是经调质处理（淬火加高温回火）后使用的钢种。调质钢为中碳钢（w_C = 0.25%～0.50%），它具有良好的综合力学性能，即具有高强度、高硬度、高耐磨性，尤其是高的疲劳强度及良好的韧性和塑性，还具有良好的淬透性。

（1）低淬透性调质钢　最典型的钢种为 40Cr，还有为了节省 Cr 而出现的 40MnB、40MnVB，其抗拉强度为 900～1000MPa。低淬透性调质钢广泛用于一般的轴杆类零件，如进气门、曲轴、齿轮、半轴、转向轴、活塞杆、连杆等。

（2）中淬透性调质钢　主要有 35CrMo、40CrNi、30CrMnSi 等，其抗拉强度在 1000MPa 左右。中淬透性调质钢用于制造截面较大、承受载荷较大的主要零件，如汽车曲轴、主轴、减速器主从动齿轮连杆等。

（3）高淬透性调质钢　如 40CrNiMoA、40CrMnMo、45CrNiMoVA 等。Cr、Ni 的适量配合，可大大提高钢的淬透性。高淬透性调质钢用于制造大截面、重载荷的重要零件，如汽车后桥半轴、主轴、叶轮、飞机发动机轴等。

4. 弹簧钢

弹簧的主要作用是储存能量，起消振、缓冲的作用。在长期的交变载荷作用下，板弹簧承受的是反复的弯曲力，螺旋弹簧承受的是反复的扭转力，其常见的失效方式为弯曲疲劳破坏或扭转疲劳破坏，也可能是过量变形或永久变形而失去弹性。因此，弹簧钢必须具有高的弹性极限与屈服强度，高的疲劳极限及足够的冲击韧性和塑性。

碳素弹簧钢中碳的质量分数一般为 0.60%～0.90%，合金弹簧钢中碳的质量分数一般为 0.45%～0.70%，中、高含碳量用来保证高的弹性极限和疲劳极限。合金弹簧钢的主加合金元素为 Si、Mn、Cr，其主要作用是提高钢的淬透性，固溶强化铁素体；辅助合金元素为 Mo、V、Nb、W 等，其作用是细化晶粒，防止脱碳。其中，Cr、Si、Mn、W、V、Nb 能提高钢的耐回火性，Si、Mn 可提高钢的弹性极限。

弹簧根据其加工和热处理方式不同，有冷成形弹簧和热成形弹簧两种。

对于直径小于 10mm 的弹簧，使用冷拔的钢丝或异形丝通过冷卷（绕）成形，称为冷成形弹簧。冷卷后的弹簧不进行淬火处理，只进行消除内应力和稳定尺寸的定形处理，即加热到 250～300℃，保温一定时间后空冷即可。钢丝的直径越小，则强化效果越好，强度越高，抗拉强度可达 1600MPa 以上。

大型弹簧或形状复杂的弹簧，采用热轧的钢条（板）或异形条（板）通过热成形后再施以淬火加中温回火（350～500℃），获得回火托氏体，成为热成形弹簧。其硬度可达 40～45HRC，具有高的弹性极限、疲劳极限以及一定的塑性和韧性。

常用的弹簧钢有碳素弹簧钢、Si-Mn 系弹簧钢、Cr-Mn 系弹簧钢、Cr-V 系弹簧钢等。碳素弹簧钢采用 65、70、85、65Mn 钢等，其强度较高、价格便宜，因淬透性低，尺寸较大时水淬易变形，油中又淬不透，因而只适合制造小尺寸弹簧；而 Si-Mn 系弹簧钢常采用 55SiMnVB、60Si2Mn 钢等，此系列钢价格低廉，是常温下被广泛使用的钢种，主要用于制造较大截面的弹簧，如汽车、拖拉机上的板弹簧和螺旋弹簧；Cr-Mn、Cr-V 系弹簧钢可采用 50CrVA 钢等，前者淬透性高，后者耐回火性强，可用于制造较大截面、承受较大载荷、要求耐热的弹簧（如高速柴油机的气门弹簧）。

5. 滚动轴承钢

滚动轴承钢是用于制造滚动轴承的滚动体和轴承套的专用钢种。滚动轴承工作时，内套和滚珠（柱）发生转动和滚动，承受周期性的交变接触应力及相对摩擦力。其常见的失效形式为接触疲劳破坏产生的麻点或剥落，长期摩擦造成磨损而丧失精度，处于润滑油环境下带来的锈蚀。因此，要求材料具有高的接触疲劳强度、高硬度、高耐磨性、良好的耐蚀性以及足够的强度和冲击韧性。

滚动轴承钢中碳的质量分数为 0.95%～1.10%，以保证高硬度、高强度和高耐磨性。主加元素 Cr 的作用是提高淬透性，并形成含 Cr 的细小、均匀分布的碳化物，提高了钢的耐磨性、耐蚀性、接触疲劳强度和回火稳定性。滚动轴承钢的最终热处理采用淬火加低温回火（150～160℃），得到回火马氏体加细小均匀分布的碳化物加少量的残留奥氏体。对于精密轴承零件，为减少淬火后的残留奥氏体量，可在淬火后直接进行冷处理；为消除残余内应力，应在磨削加工后进行长时间的尺寸稳定化处理（120～130℃）。

滚动轴承钢的牌号用"GCr"+数字表示，其中数字为 Cr 的质量分数的千分数，其合金元素的表示方法与合金结构钢相同。通常，为进一步提高滚动轴承钢的淬透性，制造较大尺寸的轴承，还可加入 Si、Mn 等元素，如 GCr15SiMn、GCr15SiMo 等。最具代表性的滚动轴承钢是 GCr15，其应用十分广泛。

6. 合金工具钢

工具钢是用来制造各种加工工具的钢种。各类工具钢在使用性能及工艺性能上有许多共同的要求，如高硬度、高耐磨性等。工具若没有足够高的硬度，是不能进行切削加工的；而高耐磨性则是保证和提高工具使用寿命的必要条件。

与碳素工具钢相比，合金工具钢具有更高的硬度和耐磨性。合金工具钢又可分为刃具钢、模具钢和量具钢。刃具钢除了要求具有高硬度、高耐磨性外，还要求具有热硬性及一定的强度和韧性。冷作模具钢应具有高硬度、高耐磨性、较高的强度和一定的韧性；热作模具钢则要求具有高的韧性、耐热疲劳性以及一定的硬度和耐磨性。对于量具钢，除了要求具有高硬度、高耐磨性外，还要求具有高的尺寸稳定性。

在化学成分上，为了使工具钢尤其是刃具钢具有高硬度，通常都使其具有较高的碳的质量分数（$w_C = 0.65\% \sim 1.55\%$），以保证淬火后获得高碳马氏体，从而得到高的硬度和切断抗力，这对减少和防止工具损坏是有利的。此外，含碳量高还可以形成足够数量的碳化物，以保证高的耐磨性。所加入的合金元素主要是提高钢的硬度和耐磨性。加入的 Cr、Mo、V、V 的主要目的是增加钢的淬透性，以减少钢在热处理时的变形，同时增加钢的耐回火性。对于切削速度较高的刃具，常加入较多的 W、Mo、V、Co 等合金元素，以提高钢的热硬性。

除此之外，工具钢对钢材质量的要求很严格，S、P 的质量分数一般应限制在 0.02% 以下，属于优质钢或高级优质钢。

实践表明，刃具钢理想的淬火组织应是细小的高碳马氏体和均匀、细小的碳化物。因此，刃具钢在热处理前应进行球化退火，以使碳化物呈细小的颗粒状，且分布均匀。这不仅对保证钢的优良切削性、耐磨性和韧性有利，而且对热处理工艺（如防止或减轻过热敏感性，变形、淬裂倾向等）也十分有利。经球化退火后的组织为铁素体，其基体上分布着细小、均匀的粒状碳化物。工具钢因含碳量较高，所以在淬火时，应在盐浴炉或保护气氛条件下进行加热，否则易出现氧化脱碳现象。值得注意的是，应在淬火后及时回火。

（1）合金刃具钢　合金刃具钢是在碳素刃具钢的基础上加入某些合金元素而发展起来的。加入合金元素的目的是克服碳素刃具钢淬透性低、热硬性差、耐磨性不足的缺点。合金刃具钢的 $w_C = 0.75\% \sim 1.5\%$，合金元素总的质量分数在 5% 以下，所以又称为低合金刃具钢。加入的合金元素为 Cr、Mn、Si、W、V 等。其中，Cr、Mn、Si 的主要作用是提高钢的淬透性，同时强化马氏体基体，提高耐回火性；Cr、Mn、W、V 还可以细化晶粒；Cr、Mn 等可溶入渗碳体，形成合金渗碳体，有利于提高钢的耐磨性，如 9SiCr 可用来制造板牙、丝锥等。

另外，Si 使钢在加热时易脱碳和石墨化，使用中应加以注意。如 Si、Cr 同时加入钢中，则能降低钢的脱碳和石墨化倾向。

合金刃具钢的特点：淬透性较碳素刃具钢好，淬火冷却可在油中进行，故热处理变形和开裂倾向小，耐磨性和热硬性也有所提高；但合金元素的加入提高了钢的临界点，故一般合金刃具钢淬火温度较高，使脱碳倾向增大。

综上所述，合金刃具钢避免了碳素刃具钢淬透性低、耐磨性不足等缺点。但由于合金刃具钢所加合金元素数量不多，仍属于低合金钢范围，故其热硬性虽然比碳素刃具钢高，但仍满足不了生产要求。例如，当回火温度达到250℃时，其硬度值已降到60HRC以下。因此，要想大幅度地提高钢的热硬性，靠合金刃具钢难以解决，所以发展了高速工具钢。

（2）高速工具钢　高速工具钢是一种含碳量高且含有大量W、Mo、Cr、V、Co等合金元素的工具钢。高速工具钢经过热处理后，在600℃以下仍然保持高的硬度，可达60HRC以上，故可在较高温度条件下保持高速切削能力和高耐磨性。同时，它具有足够高的强度，并兼有适当的塑性和韧性，这是其他超硬工具材料所无法比拟的。高速工具钢还具有很高的淬透性，中、小型刃具甚至在空气中冷却也能淬透。同碳素刃具钢和合金刃具钢相比，高速工具钢刃具的切削速度可提高 2~4 倍，使用寿命可提高 8~15 倍。

高速工具钢广泛用于制造尺寸大、切削速度快、负荷重及工作温度高的各种机械加工工具，如车刀、刨刀、拉刀、钻头等。此外，还可应用在模具及一些特殊轴承方面。总之，高速工具钢约占刃具材料总量的65%，而产值则占70%左右。

高速工具钢的成分大致范围是：$w_C = 0.7\% \sim 1.65\%$，$w_W = 0 \sim 22\%$，$w_{Mo} = 0 \sim 10\%$，$w_{Cr} = 4\%$，$w_V = 1\% \sim 5\%$，$w_{Co} = 0 \sim 12\%$，高速工具钢中也往往含有其他合金元素（如 Al、Nb、Ti、Si）及稀土元素，它们的质量分数总体不大于2%。

1）碳在高速工具钢中的作用。碳在淬火加热时溶入基体中，提高了基体中碳的浓度，这样既可提高钢的淬透性，又可获得高碳马氏体，从而提高了钢的硬度。高速工具钢中碳与合金元素 Cr、W、Mo、V 等形成合金碳化物，可以提高钢的硬度、耐磨性和热硬性。高速工具钢的含碳量必须与合金元素含量相匹配，含碳量过高或过低都对其性能有不利影响，每种钢的含碳量都限定在较窄的范围内。

2）合金元素的作用。高速工具钢的合金化主要是围绕着提高热硬性这一中心环节而展开的。由于刃具进行高速切削，使用温度大体在 500~600℃以上，故实际上高速工具钢是作为热强钢使用的。可以认为，热硬性是属于高温短时热强性范畴的指标。提高热硬性就是要提高钢的抗多次高温短时使用而受热软化的能力。高速工具钢合金化的主要目的是要造成在多次高温（500~600℃以上）短时使用条件下，能够提供稳定的高硬度（约60HRC）的组织结构状态。为此，一方面应通过加入合金元素形成大量细小、弥散、坚硬而又不易聚集长大的合金碳化物，以造成二次硬化效应；另一方面，要求有一定数量的合金元素溶入基体，起到固溶强化作用，使基体有一定的热强性。

另外，为了在高速工具钢中造成二次硬化效应，需要用大量的形成碳化物元素（如 Cr、W、Mo、V 等）进行合金化。例如，Cr 能使高速工具钢在切削过程中的抗氧化作用增强，形成较多致密的氧化膜，并减少粘刀现象，从而使刃具的耐磨性与切削性能得到提高。加入Cr 提高淬透性、抗高温氧化能力的两种最常用的高速工具钢是 W18Cr4V、W6Mo5Cr4V2 钢。向高速工具钢中加入 Cr、W、Mo、V 等合金元素，一方面是为了造成二次硬化效应；另一方面也可起到固溶强化作用，即需要使 α-Fe 中有与位错结合较强的溶质原子，从而通过第二相粒子和位错-气团两种方式来阻止变形的进行，以保证 α-Fe 基体的热硬性。

综上所述，高速工具钢的成分特点，决定了高速工具钢在一定的热处理工艺条件下具有淬透性。但是，其碳化物和化学成分不均匀程度的增大，会降低高速工具钢的耐磨性，并使刃具容易崩刃。

（3）超硬高速工具钢　超硬高速工具钢是为了适应加工难切削材料（如耐热合金等）的需要，在综合了高碳高钒高速工具钢与高碳高钴高速工具钢优点的基础上发展而来的一种工具钢。这种钢经过热处理后，硬度可达 68~70HRC，具有很高的热硬性与良好的切削性能。在有些高速工具钢中加入 Co 元素可以显著提高钢的热硬性，如 W2Mo9Cr4VCo8 钢在 600~650℃时还具有很高的热硬性。为了适应我国的资源情况，国内发展了加 Al 的超硬高速工具钢，如 W6Mo5Cr4V2Al，经热处理后，其硬度可达 67~70HRC。

（4）量具钢　量具是用来度量工件尺寸的工具，如卡尺、量块、塞尺及千分尺等。由于量具在使用过程中经常受到工件的摩擦与碰撞，而量具本身又必须具备非常高的尺寸精确性和恒定性。因此，要求其材料具有高硬度和高耐磨性，以此保证在长期使用中不致被很快磨损而失去精度；具有高的尺寸稳定性，以保证量具在使用和存放过程中保持其形状与尺寸的恒定；具有足够的韧性，以保证量具在使用时不致因偶然因素被碰撞而损坏；在特殊使用环境下，还应具有耐蚀性。

根据量具的种类及精度要求，可选用不同的钢种制造量具。例如，形状简单、精度要求不高的量具，可选用碳素工具钢，如 T10A、T11A、T12A；精度要求较高的量具（如量块、塞尺等），通常选用高碳低合金工具钢，如 Cr2、CrWMn 及轴承钢 GCr15 等。由于这类钢是在高碳钢中加入 Cr、Mn、W 等合金元素，故可以提高钢的淬透性，减少淬火变形，提高钢的耐磨性和尺寸稳定性。对于形状简单、精度不高、使用中易受冲击的量具，如平板、卡规、钢直尺及大型量具，可采用渗碳钢 15、20、15Cr、20Cr 等。量具须经渗碳、淬火及低温回火后使用。经过上述处理后，量具表面具有高硬度、高耐磨性，而心部则保持足够的韧性。也可采用中碳钢 50、55、60、65 制造量具，但须经过调质处理，再经高频淬火回火后使用，也可保证量具的精度。在腐蚀条件下工作的量具，可选用不锈钢 40Cr13、95Cr18 制造，经淬火、回火处理后，可使其硬度达到 56~58HRC，同时可保证量具具有良好的耐蚀性和足够的耐磨性。若量具要求具有特别高的耐磨性和尺寸稳定性，可选择渗氮钢 38CrMoAl 或冷作模具钢 Cr12MoV 经调质处理后，精加工成形，然后进行渗氮处理，最后进行研磨。

（5）合金模具钢　合金模具钢是专门用于制造冲压、模锻、挤压、压铸等模具的合金钢。根据使用条件的不同，将模具分为冷作模具和热作模具，相应地将制作模具的合金模具钢分为两大类：冷作模具钢和热作模具钢。

冷作模具钢用来制作冷冲模（冲裁模、拉伸模、弯曲模等）、冷镦模、冷挤压模以及拉丝模、滚丝模、搓丝板等。这些模具都要使室温下的金属材料在模具中产生塑性变形，因而受到很大的压力、摩擦或冲击。冷作模具的正常失效形式是过度磨损，有时也会因脆断、崩刃而提前报废。因此，冷作模具钢与刃具钢在使用要求上极为相似，主要是要求具有高硬度、高耐磨性以及足够的强度与韧性，还要有较高的淬透性和较低的淬火变形倾向。

高碳高铬型工具钢（Cr12 型）是常用的冷作模具钢。该钢的成分特点是高碳、高铬。

碳、铬的质量分数分别为 1.4%～2.3% 和 11%～13%。高碳高铬型工具钢淬火后的组织是合金马氏体、一定数量的残留奥氏体和高硬度、高耐磨性的特殊碳化物，因而这类钢具有高硬度、高强度以及极高的耐磨性（比合金工具钢高 3～4 倍）。

热作模具钢用来制造使加热了的固态金属或液态金属在压力作用下成形的模具。热作模具分为热锻模、热顶锻模、热挤压模与压铸模，相应地，热作模具钢分为热锻模具钢、热顶锻模具钢、热挤压模具钢、压铸模具钢。

常用热作模具钢有 5CrNiMo、3Cr2W8V、H13 等。其中，H13 钢是国内外广泛应用的热作模具钢，相当于我国牌号的 4Cr5MoV1Si 钢锭经过锻轧加工，锻后退火，退火后的硬度为 180～225HBW。H13 模具钢的热处理工艺是 1010～1060℃ 加热淬火，520℃ 回火，获得回火马氏体组织。

7．特殊性能钢

凡具有特殊物理、化学性能的钢，均称为特殊性能钢。特殊性能钢的种类很多，这里主要介绍不锈耐酸钢、耐热钢和耐磨钢。

（1）不锈耐酸钢（简称不锈钢） 不锈钢是指在空气、水、盐的水溶液、酸及其他腐蚀性介质中具有高度化学稳定性的钢种。

不锈钢中的含碳量增加，会形成 $Cr_{23}C_6$，使晶界周围贫 Cr，导致钢的耐蚀性下降。因此，大多数不锈钢中碳的质量分数在 0.15% 以下，只有用于制造刀具或滚动轴承等的不锈钢中碳的质量分数较高（0.6%～1.1%），但这类不锈钢需要较高的含铬量。

不锈钢中的基本合金元素是 Cr，其质量分数在 13% 以上，以提高钢基体的电极电位，从而提高钢在介质中的耐电化学腐蚀能力。Ni 在不锈钢中可以扩大 γ 相区以形成奥氏体，不仅可以进一步提高钢的耐蚀性，还可以提高钢的塑性、韧性和压力加工性能。Mn 和 N 是 Ni 的代用元素，可以部分地代替 Ni，强碳化物元素 Nb、Ti、V 则有利于防止晶间腐蚀。

通常，不锈钢是按高温（900～1100℃）加热并在空气中冷却后钢的基体组织进行分类的，主要可以分为马氏体型不锈钢、铁素体型不锈钢、奥氏体型不锈钢、奥氏体-铁素体型不锈钢和沉淀硬化型不锈钢。

1）马氏体型不锈钢。马氏体型不锈钢的 $w_C = 0.10\%～1.20\%$，因此，淬火后的马氏体具有较高的强度和硬度。当含碳量高时，需有较高的含铬量，以使钢具有较高的耐蚀性。

含铬量高的钢具有很好的淬透性，锻后空冷的组织中会出现马氏体。为改善切削加工性能，消除锻造应力，马氏体型不锈钢采用完全退火或高温回火作为预备热处理。

完全退火的工艺是将锻件加热至 840～900℃，保温 2～4h，以低于 28℃/h 的速度炉冷至 600℃ 后空冷，使其硬度降至 217HBW 以下。高温回火是将锻件加热至 700～800℃ 保温 2～6h 后空冷，获得回火索氏体，使其硬度在 200～230HBW 之间。因为退火组织中存在含铬碳化物，降低了基体的含碳量，而且碳化物与基体形成许多的微电池，故钢的耐蚀性不高。

马氏体型不锈钢的最终热处理为淬火及回火。例如，用于制作医疗工具、量具等耐磨性要求高的零件时，采用低温回火；制造承受冲击负荷的零件，如汽轮机叶片、螺栓等时，采用高温回火。

2）铁素体型不锈钢。此类不锈钢的 $w_C < 0.12\%$，$w_{Cr} = 11.50\%～30\%$，铬是一种缩小 γ

相区的合金元素。所以在正常热处理温度下，基本保持为单相铁素体，不能通过热处理强化。铁素体型不锈钢的含铬量高，又是单相组织，因此，其耐蚀性能优于马氏体型不锈钢，但塑性不及奥氏体型不锈钢，广泛应用于硝酸氮肥工业中。

高铬铁素体型不锈钢在退火状态下使用，主要有 06Cr13Al、10Cr17、10Cr15 等钢种。

3）奥氏体型不锈钢。奥氏体型不锈钢的含碳量极低（$w_C \leq 0.15\%$），$w_{Cr} = 18\%$，$w_{Ni} = 9\%$，这种不锈钢习惯上被称为 18-8 型不锈钢。其中 Ni 是扩大 γ 相区的元素，当 $w_{Cr} = 18\%$ 时，加入 9% 的 Ni 就可使钢在室温时具有单相奥氏体。常用的奥氏体型不锈钢有 12Cr18Ni9、06Cr19Ni10 等。

奥氏体型不锈钢的含碳量极低，而且是单相组织，因此，其耐蚀性优于马氏体型不锈钢。同时它具有高塑性，适宜冷加工成形，焊接性能良好。此外，它无铁磁性，可用于制作抗磁零件。因此，奥氏体型不锈钢广泛用于食品加工设备、热处理设备、化工设备、抗磁仪表、飞机构件等方面。

4）铁素体-奥氏体型不锈钢。这类钢是在 18-8 型不锈钢的基础上，提高 Cr、Mo、Si 等铁素体形成元素的含量，以形成铁素体与奥氏体双相不锈钢。这种钢采用 950~1100℃ 固溶处理后，获得 F+A 双相组织。由于铁素体的存在，提高了单纯奥氏体型不锈钢的强度和抗晶间腐蚀能力，而由于奥氏体的存在，降低了高铬铁素体型不锈钢的脆性和晶粒长大倾向，提高了焊接性能和韧性。此外，这种不锈钢还节约了大量的 Ni。因此，其在炼油、化肥等化工设备方面获得了广泛应用。这种双相不锈钢的主要牌号有 14Cr18Ni11Si4AlTi、022Cr19Ni5Mo3Si2N。

5）沉淀硬化型不锈钢。为了既保持奥氏体型不锈钢优良的焊接性能和压力加工性能，又保持马氏体型不锈钢的高硬度，研制了沉淀硬化型不锈钢。它是在 18-8 型不锈钢的基础上，添加 Al、Mo、Nb 等元素，经 1000~1100℃ 固溶处理加 420~620℃ 时效处理，析出各种金属化合物硬化相，使钢具有高强度。其耐蚀性优于铁素体型不锈钢，略低于奥氏体型不锈钢，常用于制作轴、弹簧、汽轮机部件等有一定耐蚀要求的高强度结构件。常用的沉淀硬化型不锈钢有 05Cr17Ni4Cu4Nb、07Cr17Ni7Al、07Cr15Ni7Mo2Al。

（2）耐热钢　耐热钢是指在高温下有良好化学稳定性和较高强度，能较好地适应高温条件的特殊合金钢。耐热钢具有两方面的性能：高温抗氧化性和高温强度。

高温抗氧化性是指金属在高温下表面不发生氧化的性能。为提高钢的高温抗氧化性，一般在钢中加入 Cr、Al、Si 等元素，在钢表面形成致密的氧化膜，阻止其继续氧化；高温强度是指金属在高温下仍具有很好的力学性能。为提高蠕变强度和持久强度，在钢中加入 Cr、Mo、W、V 等元素强化基体，提高再结晶温度，形成硬度高、热稳定性好的碳化物，阻止蠕变的发展，起弥散强化的作用。蠕变强度是指金属在某温度下，在规定的时间内允许一定蠕变变形量所承受的最大应力；而持久强度是指金属在某温度下和规定的时间内不发生断裂的最大应力值。

常用耐热钢按组织不同，可分为铁素体-珠光体型耐热钢、马氏体型耐热钢、奥氏体型耐热钢三大类。

1）铁素体-珠光体型耐热钢。这类钢中合金元素总的质量分数不超过 5%，有代表性的有 15CrMo、12CrMoV 等钢种，广泛用来制作在 550℃ 以下工作的动力工业和石油工业的构件，如过热蒸汽管、蒸汽导管等。

2）马氏体型耐热钢。Cr13 型不锈钢只有一定的耐热性，在此基础上加入 Mo、V、W，可使其具有良好的高温强度。有代表性的钢有 12Cr13、14Cr11MoV 和 18Cr12MoVNbN 等。这类钢的热处理工艺一般为淬火及高温回火，在回火索氏体状态下使用，主要用于制作工作温度在 550℃ 以下的汽轮机叶片。42Cr9Si2 和 40Cr10Si2Mo 这两种马氏体型耐热钢是我国使用最多的内燃机气阀钢，分别用于制作工作温度低于 700℃ 和 750℃ 的排气阀，使用状态为淬火及高温回火。

3）奥氏体型耐热钢。有代表性的钢有 06Cr18Ni11Ti、45Cr14Ni14W2Mo 等。常用来制造加热炉部件、汽油机和柴油机的排气阀等。

（3）耐磨钢　耐磨钢是指在巨大压力和强烈冲击载荷作用下发生硬化而具有良好耐磨性的钢，常用的耐磨钢为奥氏体锰钢。

奥氏体锰钢的典型牌号是 ZGMn13。它的 $w_C = 0.75\% \sim 1.45\%$，$w_{Mn} = 11\% \sim 14\%$。这种钢经水韧处理（将钢加热至 1050~1100℃，保温后在水中急冷，使之形成单相奥氏体）后，硬度不高，但韧性、塑性良好，当受到巨大的压力和强烈冲击载荷作用时，表面发生硬化（大于 50HRC），硬度和耐磨性大大提高。

由于奥氏体锰钢的硬化原理，它在无冲击载荷作用条件下使用时并不耐磨，因而被广泛应用于铁路道岔、挖掘机、坦克履带、防弹板、保险箱等零件的制作。由于它是非磁性的，所以可用于制作耐磨抗磁零件，如吸料器的电磁铁罩。

1.4　非铁金属及其合金

机械工程中广泛使用的非铁金属是指铁和铁基合金（其中包括生铁、铁合金和钢）以外的所有金属。非铁金属按密度不同，可以分为轻金属和重金属。轻金属及其合金，如铝及铝合金、镁及镁合金、钛及钛合金，因质量小、强度高，可用于减轻设备自重，也是机械设备节能降耗的一个重要手段。而重金属在机械工程用材中的代表则是铜及其合金。本书将简单介绍常用的几种合金。

1. 铝及铝合金

由于铝及铝合金有很多独特的优点，如密度小、比强度高、耐蚀性好、导电性和导热性优良、加工性能良好，因此，其在电气工程、航空及宇航工业、一般机械和轻工业中都有广泛的用途。铝及铝合金是非铁金属中应用最广的一类金属材料，其产量仅次于钢铁材料。

（1）铝及铝合金的分类　工业纯铝具有密度低（约 2.7g/cm³）、熔点低（仅 660℃）、塑性高（35%~40%）、导电性能好（仅次于银和铜）的特点。纯铝在空气中因表面存在致密钝化膜的保护而具有良好的耐蚀性，因此在化工和日用品中被广泛使用。工业纯铝的常用牌号有 1070A、1060、1050A、1035 等（牌号越大，杂质含量越高）。

铝具有面心立方晶格，无同素异构体，因此，它与钢的热处理方法完全不同。

根据铝合金的成分、组织和工艺特点，可以将其分为铸造铝合金与变形铝合金两大类。变形铝合金是将铝合金铸锭通过压力加工（轧制、挤压、模锻等）制成半成品或模锻件，所以要求有良好的塑性变形能力。铸造铝合金则是将熔融的合金直接浇注成形状复杂的甚至是薄壁的成形件，所以要求合金具有良好的铸造流动性。铝合金的分类及性能特点见表 1-4。

表 1-4 铝合金的分类及性能特点

分类		合金名称	合金系	性能特点	牌号举例
铸造铝合金		简单铝硅合金	Al-Si	铸造性能好,不能热处理强化,力学性能差	ZAlSi12
		特殊铝硅合金	Al-Si-Mg	铸造性能好,能热处理强化,力学性能好	ZAlSi7Mg
			Al-Si-Cu		ZAlSi7Cu4
			Al-Si-Mg-Cu		ZAlSi5Cu6Mg
					ZAlSi9Cu2Mg
			Al-Si-Mg-Cu-Ni		ZAlSi12Cu1Mg1Ni1
铸造铝合金	特殊铝合金	铝铜铸造合金	Al-Cu	耐热性好,铸造性能与耐蚀性差	ZAlCu5Mn
		铝镁铸造合金	Al-Mg	力学性能好,耐蚀性好	ZAlMg10
		铝锌铸造合金	Al-Zn	能自动淬火,宜于压铸	ZAlZn11Si7
		铝稀土铸造合金	Al-Re	耐热性能好	—
变形铝合金	不可热处理强化	防锈铝	Al-Mn	耐蚀性、压力加工性与焊接性能好,但强度较低	3A21
			Al-Mg		3A05
	可以热处理强化	硬铝	Al-Cu-Mg	力学性能好	2A11、2A12
		超硬铝	Al-Cu-Mg-Zn	室温强度高	7A04
		锻铝	Al-Mg-Si-Cu	铸造性能好	2A50、2A14
		耐热锻铝	Al-Cu-Mg-Fe-Ni	耐热性能好	2A80、2A70

（2）铝合金的强化 铝合金的强化方式主要有以下几种：

1）固溶强化。纯铝中加入合金元素，形成铝基固溶体，造成晶格畸变，阻碍了位错的运动，起到固溶强化的作用，可使其强度提高。根据合金化的一般规律，形成无限固溶体或高浓度的固溶体型合金时，不仅能获得高的强度，还能获得优良的塑性与良好的压力加工性能。Al-Cu、Al-Mg、Al-Si、Al-Zn、Al-Mn 等二元合金一般都能形成有限固溶体，并且均有较大的极限溶解度。例如，锌在铝中的极限溶解度可达 32.8%，镁可达到 14.9%，这使得铝的固溶强化效果较好。

2）时效强化。合金元素对铝的另一种强化作用是通过热处理来实现的。但由于铝没有同素异构转变，所以其热处理相变与钢不同。铝合金的热处理强化，主要是由于合金元素在铝合金中有较大的固溶度，且固溶度随温度的降低而急剧减小。所以将铝合金加热到某一温度淬火后，可以得到过饱和的铝基固溶体。这种过饱和铝基固溶体放置在室温或加热到某一温度时，其强度和硬度随时间的延长而增高，但塑性、韧性则降低，这个过程称为时效。在室温下进行的时效称为自然时效，在加热条件下进行的时效称为人工时效。时效过程中使铝合金的强度、硬度增高的现象称为时效强化或时效硬化。其强化效果是依靠时效过程中所产生的时效硬化现象来实现的。

3）过剩相强化。如果铝中加入合金元素的数量超过了极限溶解度，则在固溶处理加热时，就有一部分不能溶入固溶体的第二相出现，称为过剩相。在铝合金中，这些过剩相通常是硬而脆的金属间化合物。它们在合金中阻碍位错运动，使合金强化，这称为过剩相强化。生产中常常采用这种方式来强化铸造铝合金和耐热铝合金，过剩相数量越多，分布得越弥散，则强化效果越好。但过剩相太多，会使强度和塑性都降低。过剩相的成分结构越复杂，铝合金的熔点越高，则其高温热稳定性越好。

4）细化组织强化。许多铝合金组织都是由 α 固溶体和过剩相组成的。若能细化铝合金的组织，包括细化 α 固溶体或细化过剩相，则可使合金得到强化。

由于铸造铝合金的组织比较粗大，所以实际生产中常常利用变质处理的方法来细化合金组织。变质处理是在浇注前，在熔融的铝合金中加入质量分数为 2%~3% 的变质剂，以增加结晶核心数量，使组织细化。经过变质处理的铝合金可得到细小均匀的共晶体加初生 α 固溶体组织，从而显著地提高了铝合金的强度及塑性。

（3）变形铝合金

1）防锈铝合金。防锈铝合金中的主要合金元素是 Mn 和 Mg。Mn 的主要作用是提高铝合金的耐蚀性，并起到固溶强化作用；Mg 也可起到强化作用，并使合金的密度降低。防锈铝合金锻造退火后是单相固溶体，耐蚀性和塑性好。这类铝合金不能进行时效硬化，属于不可热处理强化的铝合金，但可冷变形加工，利用加工硬化来提高合金的强度。

2）硬铝合金。硬铝合金为 Al-Cu-Mg 系合金，还含有少量的 Mn。各种硬铝合金都可以进行时效强化，属于可以热处理强化的铝合金，也可进行变形强化。合金中 Cu、Mg 的作用是形成强化相 $CuAl_2$ 及 $CuMgAl_2$。Mn 的作用主要是提高合金的耐蚀性，并有一定的固溶强化作用，但 Mn 的析出倾向小，不参与时效过程。少量的 Ti 或 B 可细化晶粒和提高合金强度。

硬铝主要分为三种：低合金硬铝，合金中 Mg、Cu 的含量低；标准硬铝，合金元素含量中等；高合金硬铝，合金元素的含量较高。硬铝也存在着许多不足之处，一是耐蚀性差，特别是在海水等环境中；二是固溶处理的加热温度范围很窄，这给其生产工艺的实现带来了困难。所以在使用或加工硬铝时应予以注意。

3）超硬铝合金。超硬铝合金为 Al-Mg-Zn-Cu 系合金，并含有少量的 Cr 和 Mn。Zn、Cu、Mg 与 Al 可以形成固溶体和多种复杂的第二相，如 $MgZn_2$，Al_2CuMg 等，所以经过固溶处理和人工时效后，可获得很高的强度和硬度。超硬铝合金是强度最高的一种铝合金，但这种合金的耐蚀性较差，高温下软化快，可以用包铝法提高其耐蚀性。超硬铝合金多用来制造受力大的重要构件，如飞机大梁、起落架等。

4）锻铝合金。锻铝合金为 Al-Mg-Si-Cu 系和 Al-Cu-Mg-Ni-Fe 系合金。合金中的元素种类多但用量少，具有良好的热塑性、铸造性能和锻造性能，并有较好的力学性能。这类合金主要用于承受重载荷的锻件和模锻件。锻铝合金通常都要进行固溶处理和人工时效。

（4）铸造铝合金　铸造铝合金按照主要合金元素的不同可分为四类：Al-Si 铸造铝合金，Al-Cu 铸造铝合金，Al-Mg 铸造铝合金，Al-Zn 铸造铝合金。

1）Al-Si 铸造铝合金。它通常被称为铝硅明，铝硅明包括简单铝硅明（Al-Si 二元合金）和复杂铝硅明（Al-Si-Mg-Cu 等多元合金）。w_{Si} = 11%~13% 的简单铝硅明铸造后几乎全部是共晶组织。因此，这种合金的流动性好，铸件的热裂倾向小，适合铸造形状复杂的零件。它的耐蚀性好，有较低的线胀系数，焊接性良好。该合金的不足之处是铸造时吸气性高，结晶时会产生大量分散缩孔，使铸件的致密度下降。由于 Al-Si 合金组织中的共晶硅呈粗大的针状，使合金的力学性能降低，所以必须采用变质处理。

内燃机中的活塞是在高速、高温、高压、变负荷下工作的，所以制造活塞的材料必须密度小，耐磨性、耐蚀性和耐热性好，还要求活塞材料的线胀系数接近气缸体的线胀系数。复杂铝硅明基本上能满足这些要求,是制造内燃机活塞的理想材料。

2)Al-Cu铸造铝合金。Al-Cu合金的强度较高、耐热性好,但铸造性能不好,有热裂和疏松倾向,耐蚀性较差。

ZAlCu5Mn的室温强度高,塑性比较好,可制作在300℃以下工作的零件,常用于铸造内燃机气缸头、活塞等零件。

3)Al-Mg铸造铝合金。Al-Mg合金强度高、密度小,有良好的耐蚀性,但铸造性能不好,耐热性差。Al-Mg合金可进行时效处理,通常采用自然时效。

4)Al-Zn铸造铝合金。Al-Zn合金价格便宜,铸造性能优良,经变质处理和时效处理后强度较高,但耐蚀性差,热裂倾向大。

铸造铝合金的铸件,由于形状较复杂,组织粗糙,化合物粗大,并有严重的偏析,因此它的热处理与变形铝合金相比,淬火温度应高一些,加热保温时间要长一些,以使粗大析出物完全溶解并使固溶体成分均匀化。淬火一般用水冷却,并多采用人工时效。

2. 镁及镁合金

在常用工程金属材料中,镁合金的密度最小,为1.8g/cm³,约为铝合金的2/3,钛合金的1/3,钢的1/4。

与铝合金相比,镁合金有较大的承受冲击载荷的能力,可以用它制造工作时易受猛烈碰撞的零件,例如,飞机的轮毂就是用镁合金铸造的。值得注意的是,美国为陆军生产了一种能在"瘪气状态下行驶"的车轮,该车轮的轮胎和轮毂之间装有质量为12.2kg的镁合金压铸环形件,万一轮胎被弹片扎破漏气,装有这种轮子的军车仍可在48km/h的速度下行驶,而不使车辆受损。

镁合金具有优良的切削加工性和可抛光性,并易于铸造和热加工,但应注意防止其在高温下燃烧。

镁合金分为变形镁合金和铸造镁合金两大类。

镁合金除密度小外,还有比强度、比刚度高,导热性好,电磁屏蔽能力强,尺寸稳定性好,成本低廉等优点。因此,其在航空工业和汽车工业中得到了广泛的应用。

铸造镁合金车门由成形铝材制成的门框和耐碰撞的镁合金骨架、内板组成。另一种镁合金制成的车门,由内、外车门板和中间蜂窝状加强筋构成,每扇门的净质量比传统的钢制车门小10kg,且刚度极高。随着压铸技术的进步,已可以制造出形状复杂的薄壁镁合金车身零件,如前后挡板、仪表盘、转向盘等。

3. 钛及钛合金

钛不但资源丰富,而且密度小、比强度高、耐热性好、耐蚀性优异。此外,钛还具有很高的塑性,便于冷、热加工,从而在现代工业中占有极其重要的地位。因此,在航空、化工、导弹、航天及舰艇等方面,钛及其合金得到了广泛的应用。但由于钛在高温时异常活泼,因此,钛及其合金的熔炼、浇注、焊接和热处理等都要在真空或惰性气体中进行,加工条件严格、成本较高,使它的应用受到了限制。

(1)纯钛 钛是银白色金属,熔点为1680℃;相对密度为4.54,比铝大,但比钢小43%。钛有很好的强度,约为铝的6倍,其比强度在结构材料中是很高的。钛的线胀系数较小,故其在高温工作条件下或热加工过程中产生的热应力小。钛的导热性差,其热导率只有铁的1/5,加上钛的摩擦因数大($\mu = 0.2$),导致其切削、磨削加工困难。钛的弹性模量较低,屈强比较高,这使得钛和钛合金冷变形成形时的回弹大,不易成形和校直。钛有两种同素异构结构，在 882.5℃ 以下的稳定结构为密排六方晶格，用 α-Ti 表示；在 882.5℃ 以上直到熔点的稳定结构为体心立方晶格，用 β-Ti 表示。

钛在硫酸、盐酸、硝酸等酸性溶液和氢氧化钠溶液等碱性溶液中，以及在湿气及海水中具有优良的耐蚀性。但钛不能抵抗氢氟酸的浸蚀作用。钛在大气中十分稳定，表面可生成致密的氧化膜，使它保持金属光泽。但当加热到 600℃ 以上时，氧化膜就会失去保护作用。

工业纯钛按杂质含量不同有 TA0、TA1、TA2、TA3、TA1GEL1 等 13 个牌号，其中"T"为钛的汉语拼音字首。工业纯钛可制作在 350℃ 以下工作的强度要求不高的零件。

（2）钛合金　为了进一步提高强度，可在钛中加入合金元素。合金元素溶入 α-Ti 中形成 α 固溶体，溶入 β-Ti 中形成 β 固溶体。Al、C、N、O、B 等元素可使 α、β 同素异构转变温度升高，称为 α 稳定化元素；而 Fe、Mo、Mg、Cr、Mn、V 等元素可使同素异构转变温度下降，称为 β 稳定化元素；Sn、Zr 等元素对同素异构转变温度影响不明显，称为中性元素。

根据使用状态的组织不同，钛合金可分为三类：α 型和近 α 型钛合金、β 型和近 β 型钛合金、α-β 钛合金。牌号分别以 TA、TB、TC 加上编号表示。

1）α 型及近 α 型钛合金。由于 α 型钛合金的组织全部为 α 固溶体，因而具有很好的强度、韧性及塑性。在冷态下也能加工成某种半成品，如板材、棒材等。它在高温下组织稳定，抗氧化性较强，高温强度较好；在高温（500～600℃）时的强度为三类钛合金中较高者。但它的室温强度一般低于 β 型和 α-β 型钛合金，α 型钛合金是单相合金，不能进行热处理强化。代表性的合金有 TA5、TA6、TA7。

2）β 型及近 β 型钛合金。全部是 β 固溶体的钛合金在工业上很少应用。因为这类合金的密度较大，耐热性差且抗氧化性差。当温度高于 700℃ 时，合金很容易受大气中杂质气体的污染，生产工艺复杂，因而限制了它的使用。但全 β 型钛合金由于是体心立方结构，合金具有良好的塑性，为了利用这一特点，发展了一种介稳定的 β 型钛合金。此合金在淬火状态时组织全部为 β 固溶体，便于进行加工成形，经随后的时效处理又能获得很高的强度。

3）α-β 型钛合金。α-β 型钛合金兼有 α 型和 β 型钛合金两者的优点，即耐热性和塑性都比较好，并且可通过热处理强化，这类合金的生产工艺也比较简单。因此，α-β 型合金的应用比较广泛，其中以 TC4（Ti-6Al-4V）合金应用最广。

4. 铜及铜合金

铜及铜合金除具有优良的物理、化学性能外，还有某些特殊的力学性能，且色泽美观。

（1）纯铜　纯铜是玫瑰红色金属，表面形成氧化铜膜后外观呈紫红色。纯铜主要用于制作电工导体以及配制各种铜合金。

工业纯铜中含有铅、铋、氧、硫、磷等杂质，它们都会使铜的导电能力下降。

根据杂质的含量，工业纯铜可分为三种：T1、T2 和 T3。"T"为铜字的汉语拼音字首，编号越大，纯度越低。工业纯铜的牌号、成分及用途见表 1-5。

表 1-5　工业纯铜的牌号、成分及用途

牌号	w_{Cu}（%）	w_{Bi}（%）	w_{Pb}（%）	除 Cu 外其他元素总质量分数（%）	用途
T1	99.95	0.001	0.003	0.05	导电材料和配制高纯度合金
T2	99.90	0.001	0.005	0.1	导电材料，制作电线、电缆等
T3	99.70	0.002	0.01	0.3	一般用铜材，电气开关、垫圈等

纯铜除工业纯铜外，还有一类叫无氧铜，其含氧量极低，氧的质量分数不大于 0.003%。牌号有 TU00、TU0、TU1、TU2 和 TU3，主要用来制作电真空器件及高导电性铜线。这种导线能抵抗氢的作用而不产生氢脆现象。纯铜的强度低，不宜直接用作结构材料。

（2）黄铜　铜锌合金或以锌为主要合金元素的铜合金称为黄铜。黄铜具有良好的塑性和耐蚀性、良好的变形加工性能和铸造性能，在工业中有很强的应用价值。按化学成分不同，黄铜可分为普通黄铜和特殊黄铜两类。

1）普通黄铜。普通黄铜是铜-锌二元合金。黄铜的含锌量对其力学性能有很大的影响，当 w_{Zn} 为 30%~32% 时，随着含锌量的增加，黄铜的强度和断后伸长率都增大，当 $w_{Zn}>32%$ 时，黄铜的塑性开始下降，而其强度 $w_{Zn}=45%$ 附近达到最大值。当含锌量更高时，黄铜的强度与塑性急剧下降。

普通黄铜中铜的含量越高，延展性越好，切削加工性能越差。

2）特殊黄铜。为了获得更高的强度、耐蚀性和良好的铸造性能，在铜锌合金中加入铝、铁、硅、锰、镍等元素，形成各种特殊黄铜。

特殊黄铜的编号方法是 "H+主加元素符号+铜的平均质量分数+主加元素的平均质量分数"。特殊黄铜可分为压力加工黄铜（以黄铜加工产品供应）和铸造黄铜两类，其中铸造黄铜在编号前加 "Z"。例如，HPb60-2 表示平均成分为 $w_{Cu}=60%$，$w_{Pb}=2%$，余量为 Zn 的铅黄铜。特殊黄铜可以加入 Si、Sn、Pb、Al、Mn、Ni、Fe 等元素，这些元素的加入，改善了其强度、硬度、耐磨性、耐蚀性以及工艺性能。例如，镍黄铜中，镍可以提高黄铜的再结晶温度和细化其晶粒，从而提高力学性能和耐蚀性，降低应力腐蚀开裂倾向。镍黄铜的热加工性能良好，在造船工业、电动机制造业中被广泛应用。

（3）青铜　青铜原指铜锡合金，因呈青黑色而得名。但是，工业上习惯把铜基合金中不含锡，而含有 Al、Ni、Mn、Si、Be、Pb 等特殊元素的合金也称为青铜。所以青铜实际上包含锡青铜、铝青铜、铍青铜和硅青铜等。青铜也可分为压力加工青铜（以青铜加工产品供应）和铸造青铜两类。青铜的牌号表示方法是 "Q+主加元素符号+主加元素的质量分数+其他元素的质量分数"。例如，QSn4-3 表示成分为 $w_{Sn}=4%$，$w_{Zn}=3%$，其余为铜。铸造青铜的牌号表示方法是 "Z+主加元素符号+主加元素的质量分数+其他元素的质量分数，如 ZCuSn10Pb5。

① 锡青铜。它是我国历史上使用得最早的非铁金属合金，也是最常用的非铁金属合金之一。它的力学性能与含锡量有关。当 $w_{Sn}<6%$ 时，随着含锡量的增加，合金的强度和塑性都增加，可以进行压力加工；当 $w_{Sn}>6%$ 时，随着含锡量的增加，合金的强度继续升高，但塑性下降，只能进行铸造加工，铸件的致密度低，不适合铸造机械零件，机械工业中常用来制造齿轮、轴套、轴瓦；当 $w_{Sn}>20%$ 时，合金变得很脆，强度也显著下降，工业上很少使用。

除 Sn 以外，锡青铜中一般含有少量的 Zn、Pb、P、Ni 等元素。Zn 可提高锡青铜的力学性能和流动性。Pb 能改善锡青铜的耐磨性和切削加工性能，却降低了其力学性能。Ni 能细化锡青铜的晶粒，提高其力学性能和耐蚀性。P 能提高锡青铜的韧性、硬度、耐磨性和流动性。

② 特殊青铜。主要加入 Al、Be、Pb 等元素，形成不含 Sn 的铜合金，如铝青铜、铍青

铜、铅青铜等。其中铍青铜因铍的加入使其具有很多优点，如弹性、耐磨性、耐寒性、耐疲劳性、导电性、导热性均较好。但铍的价格昂贵，故铍青铜未能大量推广使用。

5. 滑动轴承合金

（1）滑动轴承合金的工作条件及对其性能和组织的要求　滑动轴承合金是用于制造滑动轴承轴瓦及内衬的材料。滑动轴承在工作时，承受轴传给它的一定压力，并和轴颈之间存在摩擦，从而会产生磨损。由于轴的高速旋转，工作温度升高，故对用于制作轴承的合金，首先要求它在工作温度下具有足够的抗压强度和疲劳强度、良好的耐磨性和一定的塑性及韧性，其次还要求它具有良好的耐蚀性、导热性和较小的线胀系数。

为了满足上述要求，轴承合金的组织应该是在软的基体上分布着硬质点，如图1-7所示；或者在硬基体上分布着软质点。当机器运转时，软基体受磨损而凹陷，硬质点就凸出于基体上，减小轴与轴瓦间的摩擦因数，同时使外来硬物能嵌入基体中，保护轴颈不被擦伤。软基体能承受冲击和振动，并使轴与轴瓦很好地磨合。

常用的轴承合金按主要化学成分可分为锡基、铅基、铝基和铜基等类型，前两种称为巴氏合金，其编号方法为"Z+基体金属符号+主要元素符号+主要元素的质量分数（%）+辅加元素符号及其质量分数（%）"，其中"Z"是"铸"字的汉语拼音字首。例如，ZSnSb11Cu6 表示 $w_{Sb}=11.0\%$，$w_{Cu}=6\%$ 的锡基轴承合金。

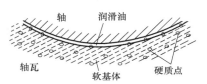

图1-7　软基体上分布着硬质点

（2）锡基轴承合金（锡基巴氏合金）　锡基轴承合金是一种软基体上分布着硬质点类型的轴承合金。它是以锡、锑为基础，并加入少量其他元素的合金。常用的牌号有 ZSnSb12Pb10Cu4、ZSnSb11Cu6、ZSnSb8Cu4 等。

锡基轴承合金具有良好的磨合性、抗咬合性、嵌藏性和耐蚀性，其浇注性能也很好，因而普遍用于浇注汽车发动机、空气压缩机、冷冻机和船用低速柴油机的轴承和轴瓦。锡基轴承合金的缺点是疲劳强度不高，工作温度较低（一般不高于150℃），价格高。

（3）铅基轴承合金（铅基巴氏合金）　铅基轴承合金是以 Pb-Sb 为基体的合金，但 Pb-Sb 合金有密度偏析，同时锑颗粒太硬，基体又太软，性能并不好，通常还要加入其他合金元素，如 Sn、Cu、Cd、As 等。常用的铅基轴承合金为 ZPbSb16Sn16Cu2，其中 $w_{Sn}=15\%\sim17\%$，$w_{Sb}=15\%\sim17\%$，$w_{Cu}=1.5\%\sim2.0\%$，余量为 Pb。

铅基轴承合金的硬度、强度、韧性都比锡基轴承合金低，但其摩擦因数较大，价格较便宜，铸造性能好。常用于制造承受中、低载荷的轴承，如车辆的曲轴轴承、连杆轴承及电动机轴承。需要注意的是，其工作温度不能超过120℃。

铅基、锡基巴氏合金的强度都较低，需要把它们镶铸在钢的轴瓦（一般用08钢冲压成形）上，形成薄而均匀的内衬，才能发挥作用。这种工艺称为挂衬。

（4）铝基轴承合金　铝基轴承合金是一种新型减摩材料，它具有密度小、导热性好、疲劳强度高和耐蚀性好的优点。其原料丰富，价格便宜，广泛用于制造在高速、高负荷条件下工作的轴承。铝基轴承合金按化学成分可分为铝锡系、铝锑系和铝石墨系三类。

铝锡系轴承合金具有疲劳强度高、耐热性和耐磨性良好等优点，适合制造在高速、重载条件下工作的轴承。铝锑系轴承合金适用于在载荷不超过200MPa、滑动线速度不大于10m/s条件下工作的轴承。铝石墨系轴承合金具有优良的自润滑作用和减振作用以及耐高温性能，适合制造活塞和机床主轴的轴承。

铝基轴承合金的缺点是线胀系数较大，抗咬合性低于巴氏合金。它一般用 08 钢做衬背，一起轧制成双合金带使用。

（5）多层轴承合金 多层轴承合金是一种复合减摩材料。它综合了各种减摩材料的优点，弥补了单一合金的不足，从而组成两层或三层减摩合金材料，以满足现代机器高速、重载、大批量生产的要求。例如，将锡锑合金、铅锑合金、铜铅合金、铝基合金等之一与低碳钢带一起轧制，复合成双金属，为了进一步改善顺应性、嵌镶性及耐蚀性，可在双层减摩合金表面再镀上一层软而薄的镀层，这就构成了具有更好减摩性及耐磨性的三层减摩材料。这种多层合金的特点是利用增加钢背和减小减摩合金层的厚度来提高疲劳强度，采用镀层来提高表面性能。

（6）粉末冶金减摩材料 粉末冶金减摩材料在纺织机械、汽车、农用机械、冶金机械、矿山机械等方面已获得广泛应用。粉末冶金减摩材料包括铁-石墨和铜-石墨多孔含油轴承合金以及金属塑料减摩材料。

粉末冶金多孔含油轴承合金与巴氏合金、铜基合金相比，具有减摩性能好、寿命长、成本低、效率高等优点，特别是它具有自润滑性，轴承孔隙中所储存的润滑油足够其在整个有效工作期间消耗。因此，特别适用于制造制氧机、纺纱机等的轴承。

（7）非金属材料轴承 与水及其他液体接触的滑动轴承不能采用机油润滑，此时就可用胶木、塑料、橡胶等非金属材料制成，也可采用金属与非金属材料复合制成。例如，船舶用的水润滑轴承就是采用铜合金作为衬套，橡胶作为内衬复合而成的。

第2章

公差与配合

【本章主要知识点】

1）极限尺寸（D_{max}、D_{min}、d_{max}、d_{min}）的计算，上、下极限偏差及公差的计算，公差带图的绘制。

2）标准公差分为 20 个等级，即 IT01，IT0，IT1，…，IT18。

3）基本偏差：用于确定公差带相对零线位置的上极限偏差或下极限偏差，一般指靠近零线的那个极限偏差。国家标准对孔、轴各规定了 28 个基本偏差，其基本偏差代号用拉丁字母表示，大写表示孔，小写表示轴。

4）按照孔和轴公差带间的相对位置关系，配合可分为间隙配合、过盈配合和过渡配合三种。

5）孔和轴公差带形成配合的一种制度，称为配合制度。根据生产实际需要，国家标准规定了两种配合制度：基孔制和基轴制。

6）形状公差：直线度、平面度、圆度、圆柱度、线轮廓度、面轮廓度的公差带含义和检测；方向公差：平行度、垂直度、倾斜度、线轮廓度、面轮廓度的公差带含义和检测；位置公差：同轴度、同心度、对称度、位置度、线轮廓度、面轮廓度的公差带含义和检测；跳动公差：圆跳动和全跳动的公差带含义和检测。

在成批或大量生产中，同一批零件在装配前不经过挑选或修配，任取其中一件进行装配，在装配后就能满足设计和使用性能要求，零件这种在尺寸与功能上可以互相替代的性质称为互换性。

互换性实际上已经融入了我们的生活。例如，自行车、汽车上的螺钉或螺母掉了，只要到五金店买一个相同规格的螺钉、螺母换上就行。像螺钉或螺母这样的零部件往往是由不同的车间、工厂，甚至不同国家生产的，但是换上后就能很好地使用。正是因为这些合格的零部件都是按互换性原则进行设计和生产制造的，在其尺寸大小、规格及功能上彼此具有相互替换的性能。这样做既经济又方便。假如没有互换性，那么，我们在生活和生产中就会遇到很大困难。

零件之间具有互换性，有利于实现产品质量标准化、品种规格系列化和零部件通用化，还可以缩短生产周期、降低成本、保证质量、便于维修等。尺寸公差与配合是保证零件具有互换性的重要指标。

2.1 尺寸公差

零件在制造过程中，由于加工或测量等因素的影响，完工后的实际尺寸总存在一定程度的误差。为了保证零件的互换性，必须将零件的实际尺寸控制在允许变动的范围内，这个允许的尺寸变动量称为尺寸公差，简称公差。

2.1.1 基本概念

（1）公称尺寸（D、d） 由图样规范确定的理想形状要素的尺寸，即根据零件的强度和结构要求在设计时给定的尺寸，称为公称尺寸。如图 2-1 中孔、轴的尺寸 $\phi50mm$。它的数值一般应按标准长度、标准直径的数值进行圆整。公称尺寸标准化可减少刀具、量具、夹具的规格和数量。通常大写字母 D 表示孔的公称尺寸，小写字母 d 表示轴的公称尺寸。

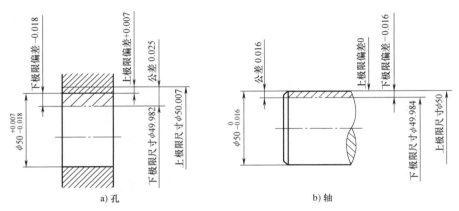

图 2-1 尺寸公差的基本概念

（2）实际尺寸（D_a、d_a） 零件加工后实际测量所得的尺寸。

（3）极限尺寸（D_{max}、D_{min}、d_{max}、d_{min}） 尺寸要素允许的尺寸的两个极端，包括上极限尺寸和下极限尺寸。零件实际尺寸应位于极限尺寸范围内，若超出则不合格。

（4）极限偏差 零件的极限尺寸减去其公称尺寸所得的代数差。极限偏差分为上极限偏差和下极限偏差。

1）上极限偏差（ES、es）：上极限尺寸减其公称尺寸所得的代数差。

$$ES = D_{max} - D \quad es = d_{max} - d$$

2）下极限偏差（EI、ei）：下极限尺寸减其公称尺寸所得的代数差。

$$EI = D_{min} - D \quad ei = d_{min} - d$$

上极限偏差和下极限偏差可以是正值、负值或零，书写或标注时正、负号或零都要写出并标注上。在图样上或技术文件中，极限偏差的标注方法如"$\phi 50^{+0.007}_{-0.018}$"。为了保持严密性，即使上、下极限偏差是零，也要进行标注，如"$\phi 50^{\ 0}_{-0.016}$"；如果上、下极限偏差数值相等，正负相反，则标注可简化，如"$\phi 50 \pm 0.065$"。

国家标准规定，孔的上、下极限偏差代号分别用大写字母 ES、EI 表示；轴的上、下极限偏差代号分别用小写字母 es、ei 表示。例如，在图 2-1 中，孔的上极限偏差 $ES = +7\mu m$，轴的上极限偏差 es＝0；孔的下极限偏差 EI＝－18μm，轴的下极限偏差 ei＝－16μm。

（5）尺寸公差（T_h、T_s） 尺寸公差简称公差，是指允许尺寸的变动量，即尺寸公差＝上极限尺寸－下极限尺寸＝上极限偏差－下极限偏差。孔和轴的公差分别用 T_h 和 T_s 表示。例如，在图 2-1 中，孔公差 T_h＝ES－EI＝＋7μm－（－18μm）＝25μm；轴公差 T_s＝es－ei＝0－（－16μm）＝16μm。

由此可知，公差仅表示尺寸允许变动的范围，为正值。公差越小，零件的精度越高，实际尺寸允许的变动量也越小，越难加工；反之，公差越大，尺寸精度越低，越容易加工。

（6）公差带 公差带是指代表上极限偏差和下极限偏差或上极限尺寸和下极限尺寸的两条直线所限定的一个区域。为了分析公差时方便，一般只画出放大的孔、轴公差带位置关系，这种表示公称尺寸、尺寸公差大小和位置关系的图形称为公差带图。

公差带图的绘制方法是先画出一条水平的零线作为基准线（零线是代表公称尺寸并确定偏差位置的一条直线，即零偏差线），其上方为正，下方为负，在零线左端标上"＋""0""－"，在零线的左下方画出带箭头的公称尺寸线，并标出公称尺寸。正偏差位于零线的上方，负偏差位于零线的下方，偏差为零时与零线重合。根据上极限偏差和下极限偏差的大小，按适当的比例画出平行于零线的两条直线，公差带沿零线方向的长度可适当选取。为了区分孔、轴公

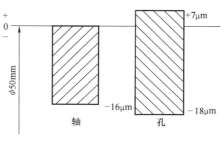

图 2-2 公差带图

差带，孔、轴的公差带画不同方向的剖面线，并标出其上、下极限偏差。在公差带图中，用零线表示公称尺寸，用矩形的高表示尺寸的变化范围（即公差），矩形的上边代表上极限偏差，矩形的下边代表下极限偏差，矩形的横向宽度无实际意义，如图 2-2 所示。

2.1.2 标准公差、基本偏差与公差带代号

1. 标准公差

由图 2-2 可以看出，决定公差带的因素有两个：一是公差带的大小（即矩形的高度），二是公差带距零线的位置。国家标准规定，用标准公差和基本偏差来表示公差带。

标准公差（IT）用于确定公差带的大小。国家标准在公称尺寸至 500mm 范围内，将标准公差分为 20 个等级，即 IT01，IT0，IT1，…，IT18，IT 即为国际公差 ISO Tolerance 的缩写。其中，IT01 级的精度最高，然后依次降低，IT18 级的精度最低。因标准公差等级 IT01、IT0 在工业上很少用到，所以国家标准 GB/T 1800.2—2009 中删除了此两项公差等级的标准公差数值。根据公称尺寸和标准公差等级，可从表 2-1 中查出具体的公差值。

2. 基本偏差

基本偏差是用于确定公差带相对零线位置的上极限偏差或下极限偏差，一般指靠近零线的那个极限偏差。国家标准对孔、轴各规定了 28 个基本偏差，其基本偏差代号用拉丁字母表示，大写表示孔，小写表示轴，其中在 26 个拉丁字母中去掉易与其他含义混淆的五个字母：I、L、O、Q、W（i、l、o、q、w），增加了七个双字母：CD、EF、FG、ZA、ZB、ZC、JS（cd、ef、fg、za、zb、zc、js）。基本偏差系列如图 2-3 所示，图中仅绘出公差带一端的界限，另一端取决于标准公差和这个极限偏差的组合。其中 H 的基本偏差是下极限偏差，EI＝0；h 的基本偏差是上极限偏差，es＝0。

表 2-1　标准公差数值（摘自 GB/T 1800.2—2009）

公称尺寸 /mm		标准公差等级																	
		IT1	IT2	IT3	IT4	IT5	IT6	IT7	IT8	IT9	IT10	IT11	IT12	IT13	IT14	IT15	IT16	IT17	IT18
大于	至	μm											mm						
—	3	0.8	1.2	2	3	4	6	10	14	25	40	60	0.1	0.14	0.25	0.4	0.6	1	1.4
3	6	1	1.5	2.5	4	5	8	12	18	30	48	75	0.12	0.18	0.3	0.48	0.75	1.2	1.8
6	10	1	1.5	2.5	4	6	9	15	22	36	58	90	0.15	0.22	0.36	0.58	0.9	1.5	2.2
10	18	1.2	2	3	5	8	11	18	27	43	70	110	0.18	0.27	0.43	0.7	1.1	1.8	2.7
18	30	1.5	2.5	4	6	9	13	21	33	52	84	130	0.21	0.33	0.52	0.84	1.3	2.1	3.3
30	50	1.5	2.5	4	7	11	16	25	39	62	100	160	0.25	0.39	0.62	1	1.6	2.5	3.9
50	80	2	3	5	8	13	19	30	46	74	120	190	0.3	0.46	0.74	1.2	1.9	3	4.6
80	120	2.5	4	6	10	15	22	35	54	87	140	220	0.35	0.54	0.87	1.4	2.2	3.5	5.4
120	180	3.5	5	8	12	18	25	40	63	100	160	250	0.4	0.63	1	1.6	2.5	4	6.3
180	250	4.5	7	10	14	20	29	46	72	115	185	290	0.46	0.72	1.15	1.85	2.9	4.6	7.2
250	315	6	8	12	16	23	32	52	81	130	210	320	0.52	0.81	1.3	2.1	3.2	5.2	8.1
315	400	7	9	13	18	25	36	57	89	140	230	360	0.57	0.89	1.4	2.3	3.6	5.7	8.9
400	500	8	10	15	20	27	40	63	97	155	250	400	0.63	0.97	1.55	2.5	4	6.3	9.7
500	630	9	11	16	22	32	44	70	110	175	280	440	0.7	1.1	1.75	2.8	4.4	7	11
630	800	10	13	18	25	36	50	80	125	200	320	500	0.8	1.25	2	3.2	5	8	12.5
800	1000	11	15	21	28	40	56	90	140	230	360	560	0.9	1.4	2.3	3.6	5.6	9	14
1000	1250	13	18	24	33	47	66	105	165	260	420	660	1.05	1.65	2.6	4.2	6.6	10.5	16.5
1250	1600	15	21	29	39	55	78	125	195	310	500	780	1.25	1.95	3.1	5	7.8	12.5	23
1600	2000	18	25	35	46	65	92	150	230	370	600	920	1.5	2.3	3.7	6	9.2	15	23
2000	2500	22	30	41	55	78	110	175	280	440	700	1100	1.75	2.8	4.4	7	11	17.5	28
2500	3150	26	36	50	68	96	135	210	330	540	860	1350	2.1	3.3	5.4	8.6	13.5	21	33

注：1. 公称尺寸大于 500mm 的 IT1～IT5 的标准公差数值为试行。

　　2. 公称尺寸小于或等于 1mm 时，无 IT4～IT8。

3. 公差带代号

如前所述，一个确定的公差带应由公差带的位置和公差带的大小两部分组成，公差带的位置由基本偏差来确定，公差带的大小由标准公差来确定。因此，公差带代号由基本偏差代号和标准公差等级代号组成，如图 2-4 所示。

国家标准对孔、轴规定了一般、常用和优先公差带。对于尺寸至 500mm 的常用尺寸段，标准规定了一般用途的公差带孔 105 种，轴 116 种；常用公差带孔 44 种，轴 59 种；优先选用的公差带孔、轴各 13 种，如图 2-5 所示。设计人员应优先选用圆圈中的优先公差带，其次选用方框中的常用公差带，最后选用其他的一般公差带。

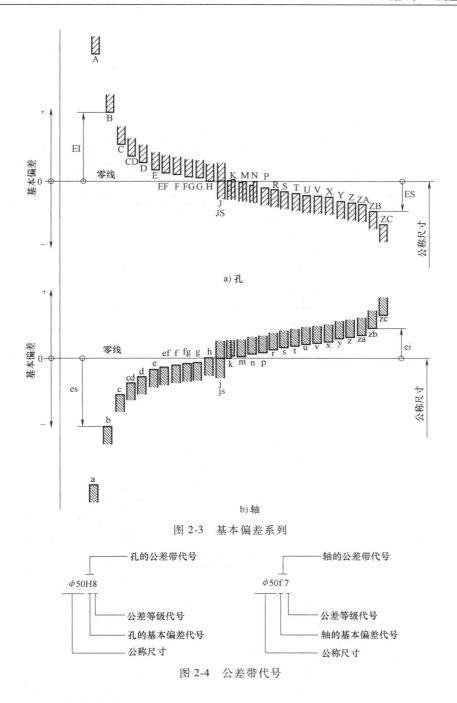

图 2-3 基本偏差系列

图 2-4 公差带代号

2.1.3 标准公差等级的选用

标准公差等级的选择原则：在满足使用要求的前提下，尽可能选用较低的公差等级，以便更好地解决机器零件的使用要求与制造工艺及成本之间的矛盾。

选择公差等级时，应掌握各个公差等级的应用范围和各种加工方法所能达到的公差等级，见表 2-2 和表 2-3。表 2-4 列出了标准公差等级的主要应用范围。

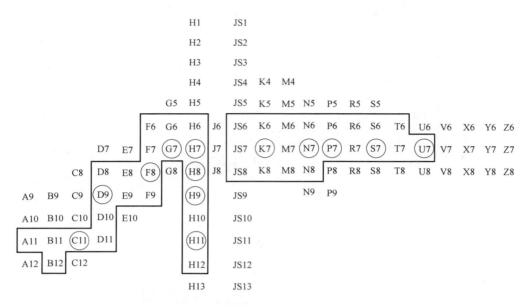

a) 一般、常用和优先孔公差带

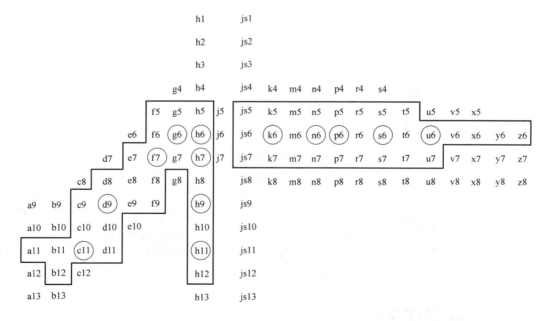

b) 一般、常用和优先轴公差带

图 2-5　公称尺寸至 500mm 孔、轴公差带

注：表中圆圈中的公差带为优先选用的，方框中的为常用的。

表 2-2 公差等级的应用

应用场合			公差等级 IT																		
			01	0	1	2	3	4	5	6	7	8	9	10	11	12	13	14	15	16	17	18
量块			──	──																			
量规	高精度				──	──	──	──															
	低精度									──	──												
配合尺寸	个别精密配合				──	──																	
	特别重要	孔						──	──														
		轴					──	──															
	精密配合	孔								──	──												
		轴							──	──													
	中等精密	孔											──	──									
		轴										──	──										
	低精度配合															──	──						
	非配合尺寸																──	──	──				
	原材料尺寸																	──	──	──	──		

表 2-3 各种加工方法所能达到的公差等级

加工方法	公差等级 IT																		
	01	0	1	2	3	4	5	6	7	8	9	10	11	12	13	14	15	16	17	18
研磨	──	──	──	──	──	──	──													
珩磨					──	──	──	──												
圆磨						──	──	──	──	──										
平磨						──	──	──	──	──										
金刚石车						──	──	──	──											
金刚石镗						──	──	──	──											
拉削							──	──	──	──										
铰孔								──	──	──	──									
精车精镗									──	──	──									
粗车												──	──							
粗镗												──	──							
铣										──	──	──	──							
刨、插												──	──							
钻削												──	──	──						
冲压												──	──							
滚压、挤压												──	──							
锻造																	──	──		
砂型铸造																	──			
金属型铸造																	──			
气割																	──	──	──	──

表 2-4　标准公差等级的主要应用范围

公差等级	主要应用实例
IT01～IT1	一般用于精密标准量块。IT1 也用于检验 IT6 和 IT7 轴用量规的校对量规
IT2～IT7	用于检验工件 IT5～IT16 的量规的尺寸公差
IT3～IT5（孔为IT6）	用于精度要求很高的重要配合。例如,机床主轴与精密滚动轴承的配合、发动机活塞销与连杆孔和活塞孔的配合 配合公差很小,对加工要求很高,应用较少
IT6（孔为IT7）	用于机床、发动机和仪表中的重要配合。例如,机床传动机构中的齿轮与轴的配合,轴与轴承的配合,发动机中活塞与气缸、曲轴与轴承、气阀杆与导套的配合等 配合公差较小,一般精密加工能够实现,在精密机械中应用广泛
IT7,IT8	用于机床和发动机中不太重要的配合,也用于重型机械、农业机械、纺织机械、机车车辆等的重要配合。例如,机床上操纵杆的支承配合、发动机活塞环与活塞环槽的配合、农业机械中齿轮与轴的配合等 配合公差中等,加工易于实现,在一般机械中应用广泛
IT9,IT10	用于一般要求,或长度精度要求较高的配合。某些非配合尺寸如有特殊需要,如飞机机身的外壳尺寸,由于质量限制,要求达到 IT9 或 IT10
IT11,IT12	多用于各种没有严格要求,只要求便于连接的配合。如螺栓和螺孔、铆钉和孔等的配合
IT12～IT18	用于非配合尺寸和粗加工的工序尺寸。例如,手柄的直径、壳体的外形和壁厚尺寸,以及端面之间的距离等

2.2　配合

公称尺寸相同且相互结合的孔和轴公差带之间的关系称为配合。相配合的孔和轴的公称尺寸必须相同，而相互结合的孔和轴公差带之间的不同关系决定了孔和轴配合的松紧程度，也决定了孔和轴的配合性质。

2.2.1　配合的分类

按照孔和轴公差带间的相对位置关系，配合可分为间隙配合、过盈配合和过渡配合三种。

间隙配合是指孔与轴装在一起时具有间隙（包括最小间隙等于零）的配合。此时，孔的公差带在轴的公差带上方，如图 2-6a 所示。间隙配合主要用于孔、轴间需要产生相对运动的活动连接。间隙用大写字母"X"表示。

过盈配合是指孔与轴装在一起时具有过盈（包括最小过盈等于零）的配合。此时，孔的公差带在轴的公差带下方，如图 2-6b 所示。过盈配合主要用于孔、轴间不允许产生相对运动的紧固连接。间隙用大写字母"Y"表示。

过渡配合是指孔与轴装在一起时既可能存在间隙又可能存在过盈的配合。此时，孔的公差带与轴的公差带相互交叠，如图 2-6c 所示。过渡配合主要用于孔、轴间的定位连接。

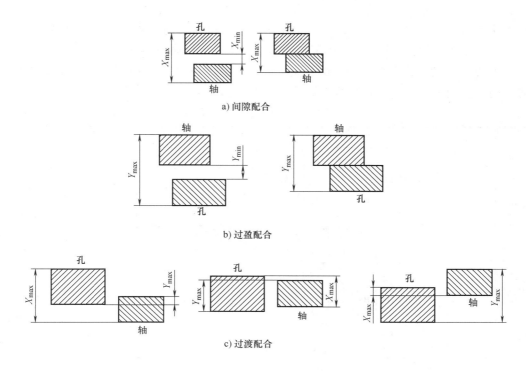

a) 间隙配合

b) 过盈配合

c) 过渡配合

图 2-6　三种配合制度

2.2.2　配合制及其选择

同一极限制的孔和轴公差带组成的一种配合制度，称为配合制。根据生产实际需要，国家标准规定了两种配合制。

1. 配合制

（1）基孔制配合　基孔制配合是基本偏差为一定的孔的公差带，与不同基本偏差的轴的公差带形成各种配合的一种制度。基孔制配合中的孔称为基准孔，其基本偏差代号为"H"，下极限偏差为零，即它的下极限尺寸等于公称尺寸，如图 2-7a 所示。

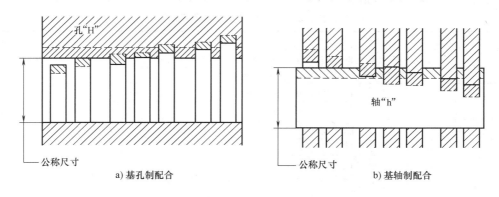

a) 基孔制配合

b) 基轴制配合

图 2-7　基孔制与基轴制配合

（2）基轴制配合 基轴制配合是基本偏差为一定的轴的公差带，与不同基本偏差的孔的公差带形成各种配合的一种制度。基轴制配合中的轴称为基准轴，其基本偏差代号为"h"，上极限偏差为零，即它的上极限尺寸等于公称尺寸，如图 2-7b 所示。

（3）基孔制的优先和常用配合的规定 基孔制的优先配合有 13 种，用左上角的黑三角符号注明；常用配合（包括优先配合）有 59 种，见表 2-5。

表 2-5 基孔制优先、常用配合

基准孔	轴																				
	a	b	c	d	e	f	g	h	js	k	m	n	p	r	s	t	u	v	x	y	z
	间隙配合								过渡配合				过盈配合								
H6						$\frac{H6}{f5}$	$\frac{H6}{g5}$	$\frac{H6}{h5}$	$\frac{H6}{js5}$	$\frac{H6}{k5}$	$\frac{H6}{m5}$	$\frac{H6}{n5}$	$\frac{H6}{p5}$	$\frac{H6}{r5}$	$\frac{H6}{s5}$	$\frac{H6}{t5}$					
H7						$\frac{H7}{f6}$	$\frac{H7}{g6}$	$\frac{H7}{h6}$	$\frac{H7}{js6}$	$\frac{H7}{k6}$	$\frac{H7}{m6}$	$\frac{H7}{n6}$	$\frac{H7}{p6}$	$\frac{H7}{r6}$	$\frac{H7}{s6}$	$\frac{H7}{t6}$	$\frac{H7}{u6}$	$\frac{H7}{v6}$	$\frac{H7}{x6}$	$\frac{H7}{y6}$	$\frac{H7}{z6}$
H8					$\frac{H8}{e7}$	$\frac{H8}{f7}$	$\frac{H8}{g7}$	$\frac{H8}{h7}$	$\frac{H8}{js7}$	$\frac{H8}{k7}$	$\frac{H8}{m7}$	$\frac{H8}{n7}$	$\frac{H8}{p7}$	$\frac{H8}{r7}$	$\frac{H8}{s7}$	$\frac{H8}{t7}$	$\frac{H8}{u7}$				
				$\frac{H8}{d8}$	$\frac{H8}{e8}$	$\frac{H8}{f8}$		$\frac{H8}{h8}$													
H9			$\frac{H9}{c9}$	$\frac{H9}{d9}$	$\frac{H9}{e9}$	$\frac{H9}{f9}$		$\frac{H9}{h9}$													
H10			$\frac{H10}{c10}$	$\frac{H10}{d10}$				$\frac{H10}{h10}$													
H11	$\frac{H11}{a11}$	$\frac{H11}{b11}$	$\frac{H11}{c11}$	$\frac{H11}{d11}$				$\frac{H11}{h11}$													
H12		$\frac{H12}{b12}$						$\frac{H12}{h12}$													

注：1. $\frac{H6}{n5}$、$\frac{H7}{p6}$ 在公称尺寸小于或等于 3mm 和 $\frac{H8}{r7}$ 在公称尺寸小于或等于 100mm 时，为过渡配合。

2. 标注 ◤ 的配合为优先配合。

（4）基轴制的优先和常用配合的规定 基轴制的优先配合有 13 种，用左上角的黑三角符号注明；常用配合（包括优先配合）有 47 种，见表 2-6。

表 2-6 基轴制优先、常用配合

基准轴	孔																				
	A	B	C	D	E	F	G	H	JS	K	M	N	P	R	S	T	U	V	X	Y	Z
	间隙配合								过渡配合				过盈配合								
h5						$\frac{F6}{h5}$	$\frac{G6}{h5}$	$\frac{H6}{h5}$	$\frac{JS6}{h5}$	$\frac{K6}{h5}$	$\frac{M6}{h5}$	$\frac{N6}{h5}$	$\frac{P6}{h5}$	$\frac{R6}{h5}$	$\frac{S6}{h5}$	$\frac{T6}{h5}$					
h6						$\frac{F7}{h6}$	$\frac{G7}{h6}$	$\frac{H7}{h6}$	$\frac{JS7}{h6}$	$\frac{K7}{h6}$	$\frac{M7}{h6}$	$\frac{N7}{h6}$	$\frac{P7}{h6}$	$\frac{R7}{h6}$	$\frac{S7}{h6}$	$\frac{T7}{h6}$	$\frac{U7}{h6}$				
h7					$\frac{E8}{h7}$	$\frac{F8}{h7}$		$\frac{H8}{h7}$	$\frac{JS8}{h7}$	$\frac{K8}{h7}$	$\frac{M8}{h7}$	$\frac{N8}{h7}$									
h8				$\frac{D8}{h8}$	$\frac{E8}{h8}$	$\frac{F8}{h8}$		$\frac{H8}{h8}$													

（续）

基准轴	孔																				
	A	B	C	D	E	F	G	H	JS	K	M	N	P	R	S	T	U	V	X	Y	Z
	间隙配合								过渡配合			过盈配合									
h9				▼$\frac{D9}{h9}$	$\frac{E9}{h9}$	$\frac{F9}{h9}$		▼$\frac{H9}{h9}$													
h10				$\frac{D10}{h10}$				$\frac{H10}{h10}$													
h11	$\frac{A11}{h11}$	▼$\frac{B11}{h11}$	$\frac{C11}{h11}$	$\frac{D11}{h11}$				▼$\frac{H11}{h11}$													
h12		$\frac{B12}{h12}$						$\frac{H12}{h12}$													

注：标注▼的配合为优先配合。

2. 配合制的选择

在选择配合制时，需要考虑以下几个原则。

（1）应优先选用基孔制　这主要是从经济性角度考虑的，加工相同公差等级的孔和轴时，孔的加工难度比轴的加工难度大。同时兼顾到功能、结构、工艺条件和其他方面的要求。因为从工艺上看，加工和测量中等尺寸的孔时，通常使用价格较贵的扩孔钻、铰刀、拉刀等定尺寸刀具或量具。而轴可以用一把车刀或砂轮加工不同尺寸，轴径的测量则可采用通用量具。因此，采用基孔制可减少定尺寸刀具、量具的规格和数量，降低生产成本，提高加工的经济性。

（2）特殊结构和原材料选用基轴制　例如，用冷拔钢材制作轴时，不必对轴表面进行切削加工。又如，同一轴与多个具有不同公差带的孔配合时，应选择基轴制，否则，将会造成轴加工困难，甚至无法加工。

（3）根据标准件选择基准制　当设计的零件与标准件配合时，配合制依据标准件而定。例如，滚动轴承的内圈与轴的配合应选用基孔制，而滚动轴承的外圈与轴承座孔的配合则应选用基轴制。

（4）采用任意孔、轴公差带组成配合　为了满足特殊的配合需要，允许采用任意孔、轴公差带组成配合，即非基准制配合。如图 2-8 所示，由于滚动轴承与孔的配合已选定孔的公差带为 $\phi100J7$，轴承盖与孔的配合定心精度要求不高，因而其配合应选用间隙配合 $\phi100J7/f9$。

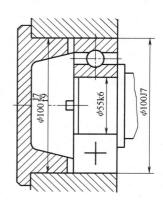

图 2-8　滚动轴承与孔的配合

2.3　几何公差

2.3.1　几何公差概述

任何机械产品都要经过图样设计、机械加工和装配调试等过程。在加工过程中，不论加工设备和加工方法如何精密、可靠，都不可避免地会出现误差，除了尺寸方面的误差外，还会存在各种形状和位置方面的误差。例如，要求直、平、圆的地方达不到理想的直、平、圆，要求同轴、对称或位置准确的地方达不到绝对的同轴、对称或位置准确。实际加工所得到的零件几何体与其对应的理想几何体之间总是存在着差异。若这种差异表现在零件几何体的线、面形状上，则称为形状误差；若表现在零件的相互位置上，则为方向误差、位置误差、跳动误差。形状误差、方向误差、位置误差和跳动误差统称几何误差。

几何误差的存在是不可避免的，零件在使用过程中也并不需要绝对消除这些误差，只需根据具体的功能要求，把误差控制在一定的范围内即可，有了允许的变动范围便可实现互换性生产。因此，在机械产品设计过程中，要对零件进行几何公差设计，以保证产品质量，满足所需要的性能要求。

零件的几何误差对其使用性能的影响主要体现在以下几个方面：

1) 影响零件的功能要求。例如，发动机气缸的圆度、圆柱度超差，轻则影响发动机的动力性、经济性和尾气排放指标，重则会使活塞裙部与气缸体咬合，造成发动机拉缸，甚至不能正常工作；汽车变速器齿轮箱上轴承孔的位置误差超差，将影响齿轮齿面的接触均匀性和齿侧间隙，可能导致齿轮啮合时产生冲击，影响变速器的寿命。

2) 影响零件的配合性质。当配合的孔、轴的几何误差超差时，对于间隙配合，会使间隙分配不均匀，从而加剧磨损，影响使用寿命；对于过渡配合，会降低配合精度；对于过盈配合，会使过盈量在整个结合面上分布不均匀，影响连接强度。

3) 影响零件的互换性。例如，若汽车离合器轴承套的几何误差超差，会导致新购进的离合器轴承不能自由装配和更换，即使能装上，在离合器接合和分离时也会发出响声，从而会影响离合器运行的稳定性和使用寿命。

零件的几何误差对精密、高速、重载、高温、高压机械设备零部件使用性能的影响更为严重。因此，零件的几何误差是机械产品检验时的一项重要质量指标。

1. 几何公差特征符号

几何公差是用于限制实际要素的几何误差的，是实际要素的允许变动量，包括形状、方向、位置和跳动公差。国家标准规定的几何公差的特征符号见表 2-7。

表 2-7　几何公差的特征符号（摘自 GB/T 1182—2008）

公差类型	几何特征	符号	有或无基准
形状公差	直线度	——	无
	平面度	▱	无
	圆度	○	无
	圆柱度	⌭	无
	线轮廓度	⌒	无
	面轮廓度	⌓	无

（续）

公差类型	几何特征	符号	有或无基准
方向公差	平行度	//	有
	垂直度	⊥	有
	倾斜度	∠	有
	线轮廓度	⌒	有
	面轮廓度	⌓	有
位置公差	位置度	⊕	有或无
	同轴(同心)度	◎	有
	对称度	≡	有
	线轮廓度	⌒	有
	面轮廓度	⌓	有
跳动公差	圆跳动	↗	有
	全跳动	↗↗	有

2. 几何要素的分类

几何要素（简称要素）是指构成零件几何特征的点、线、面，是几何公差的研究对象。一般在研究形状公差时，涉及的对象有线和面两类要素；在研究位置公差时，涉及的对象有点、线和面三类要素。几何公差就是研究这些要素在形状及其相互间方向或位置方面的精度问题。

几何要素可从不同角度进行分类：

（1）按结构特征分类（图2-9）

1）组成要素（轮廓要素）。构成零件外形的人们直接感觉到的点、线、面，如图2-9中的平面、圆锥表面、球面等。

2）导出要素（中心要素）。由一个或几个组成要素的对称中心所得到的点、线、面。其特点是它不能被人们直接感觉到，而是通过相应的组成要素才能体现出来，如零件上的中心面、轴线、球心等。

（2）按存在状态分类

1）实际要素。零件上实际存在的要素，可以用通过测量反映出来的要素代替。

2）公称要素。它是具有几何学意义的要素，是设计图样上给出的理论正确要素。它不存在任何误差，是绝对正确的几何要素，但在生产中是不可能得到的。

3）提取要素。按规定方法，针对零件实际表面，通过有限个目的点提取获得的要素。通常用测量得到的要素来近似代替。

4) 拟合要素。按规定方法，针对零件实际表面，通过无限多个目的点提取获得的要素。它也是具有几何学意义的要素。

（3）按所处部位分类

1) 被测要素。图样中给出了几何公差要求的要素，是测量的对象，如图 2-10a 中 φ16H7 孔的中心线、图 2-10b 中的上平面。

2) 基准要素。用来确定被测要素方向和位置的要素。基准要素在图样上都标有基准符号或基准代号，如图 2-10a 中 φ30h6 的轴线、图 2-10b 中的下平面。

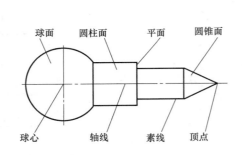

图 2-9 组成要素和导出要素

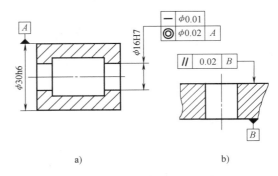

图 2-10 被测要素和基准要素

（4）按功能关系分类

1) 单一要素。是指仅对被测要素本身给出形状公差的要素。

2) 关联要素。是指与零件基准要素有功能要求的要素。例如，图 2-10a 中 φ16H7 孔的中心轴线相对于 φ30h6 圆柱面的轴线有同轴度要求，此时 φ16H7 孔的中心线属于关联要素。同理，图 2-10b 中的上平面相对于下平面有平行度要求，故该上平面属于关联要素。

2.3.2 几何公差带

1. 形状公差带

形状公差是单一被测要素对其拟合要素的变动范围，用公差带来表示。零件被测要素在公差带内为合格。形状公差带的定义、标注和解释见表 2-8。

表 2-8 形状公差带的定义、标注和解释（摘自 GB/T 1182—2008）

几何特征及符号	公差带的定义	标注和解释
直线度 ──	公差带为在给定平面内和给定方向上，间距等于公差值 t 的两平行直线所限定的区域 a—任一距离	在任一平行于图示投影面的平面内，上平面的提取（实际）线应限定在间距等于 0.1mm 的两平行直线之间

（续）

几何特征及符号	公差带的定义	标注和解释
直线度 ―	公差带为间距等于公差值 t 的两平行平面所限定的区域	提取（实际）的棱边应限定在间距等于 0.1mm 的两平行平面之间
	由于公差值前面加注了符号 ϕ，公差带为直径等于公差值 ϕt 的圆柱面所限定的区域	外圆柱面的提取（实际）中心线应限定在直径等于 ϕ0.08mm 的圆柱面内
平面度 ▱	公差带为间距等于公差值 t 的两平行平面所限定的区域	提取（实际）表面应限定在间距等于 0.08mm 的两平行平面之间
圆度 ○	公差带为在给定横截面内，半径差等于公差值 t 的两同心圆所限定的区域 a—任一横截面	在圆柱面和圆锥面的任意横截面内，提取（实际）圆周应限定在半径差等于 0.03mm 的两共面同心圆之间 在圆锥面的任意横截面内，提取（实际）圆周应限定在半径差等于 0.1mm 的两共面同心圆之间

（续）

几何特征及符号	公差带的定义	标注和解释
圆柱度 ⌭	公差带为半径差等于公差值 t 的两同轴圆柱面所限定的区域	提取（实际）圆柱面应限定在半径差等于 0.1mm 的两同轴圆柱面之间

2. 轮廓度公差带

轮廓度公差有线轮廓度公差和面轮廓度公差两类。它在无基准要求时为形状公差，其公差带形状仅由理论尺寸决定，有基准要求时为方向公差和位置公差，其公差带形状由理论尺寸和基准决定。轮廓度公差带的定义、标注和解释见表 2-9。

表 2-9　轮廓度公差带的定义、标注和解释（摘自 GB/T 1182—2008）

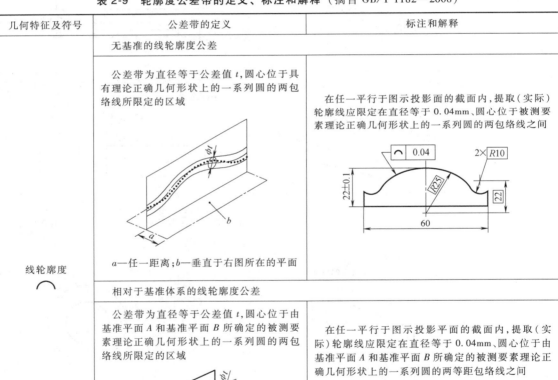

几何特征及符号	公差带的定义	标注和解释
线轮廓度 ⌒	**无基准的线轮廓度公差** 公差带为直径等于公差值 t，圆心位于具有理论正确几何形状上的一系列圆的两包络线所限定的区域 a—任一距离；b—垂直于右图所在的平面	在任一平行于图示投影面的截面内，提取（实际）轮廓线应限定在直径等于 0.04mm、圆心位于被测要素理论正确几何形状上的一系列圆的两包络线之间
	相对于基准体系的线轮廓度公差 公差带为直径等于公差值 t，圆心位于由基准平面 A 和基准平面 B 所确定的被测要素理论正确几何形状上的一系列圆的两包络线所限定的区域 a—基准平面 A；b—基准平面 B；c—平行于基准平面 A 的平面	在任一平行于图示投影平面的截面内，提取（实际）轮廓线应限定在直径等于 0.04mm、圆心位于由基准平面 A 和基准平面 B 所确定的被测要素理论正确几何形状上的一系列圆的两等距包络线之间

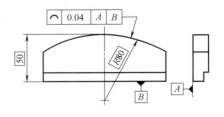

（续）

几何特征及符号	公差带的定义	标注和解释
面轮廓度 ⌒	无基准的面轮廓度公差 公差带为直径等于公差值 t，球心位于被测要素理论正确几何形状上的一系列圆球的两包络面所限定的区域 $S\phi t$	提取（实际）轮廓面应限定在直径等于 0.02mm、球心位于被测要素理论正确几何形状上的一系列圆球的两等距包络面之间 ⌒ 0.02 40 ± 0.2　$SR80$
	相对于基准的面轮廓度公差 公差带为直径等于公差值 t，球心位于由基准平面 A 确定的被测要素理论正确几何形状上的一系列圆球的两包络面所限定的区域 $S\phi t$　L　a a—基准平面 A	提取（实际）轮廓面应限定在直径等于 0.1mm、球心位于由基准平面 A 确定的被测要素理论正确几何形状上的一系列圆球的两等距包络面之间 ⌒ 0.1 A 40　$SR80$ A

3. 方向公差带

方向公差中的平行度、垂直度和倾斜度的被测提取要素和拟合要素有直线和平面之分，因此，这三项公差带均有线对线、线对面、面对线和面对面四种情况。方向公差带的定义、标注和解释见表 2-10。

表 2-10　方向公差带的定义、标注和解释（摘自 GB/T 1182—2008）

几何特征及符号	公差带的定义	标注和解释
平行度 //	线对基准体系的平行度公差 公差带为间距等于公差值 t 的平行于两基准的两平行平面所限定的区域 t　a　b a—基准轴线；b—基准平面	提取（实际）中心线应限定在间距等于 0.1mm、平行于基准轴线 A 和基准平面 B 的两平行平面之间 // 0.1 A B B　A

（续）

几何特征及符号	公差带的定义	标注和解释
平行度 //	公差带为间距等于公差值 t、平行于基准轴线 A 且垂直于基准平面 B 的两平行平面所限定的区域 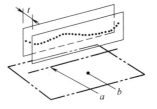 a—基准轴线；b—基准平面	提取（实际）中心线应限定在间距等于0.1mm的两平行平面之间，此两平行平面平行于基准轴线 A 且垂直于基准平面 B 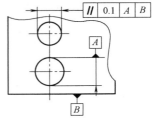
	公差带为平行于基准轴线和平行或垂直于基准平面，间距分别等于公差值 t_1 和 t_2，且相互垂直的两组平行平面所限定的区域 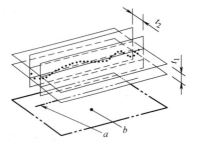 a—基准轴线；b—基准平面	提取（实际）中心线应限定在平行于基准轴线 A 和平行或垂直于基准平面 B，间距分别等于公差值 0.1mm 和 0.2mm，且相互垂直的两组平行平面之间 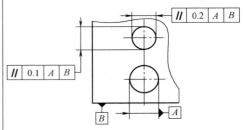
	线对基准线的平行度公差	
	若公差值前面加注了符号 ϕ，则公差带为平行于基准轴线、直径等于公差值 ϕt 的圆柱面所限定的区域 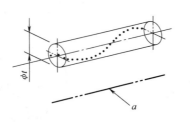 a—基准轴线	提取（实际）中心线应限定在平行于基准轴线 A，直径等于 $\phi 0.03$mm 的圆柱面内 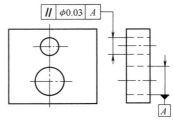
	线对基准面的平行度公差	

（续）

几何特征及符号	公差带的定义	标注和解释
平行度 //	公差带为平行于基准平面，间距等于公差值 t 的两平行平面所限定的区域 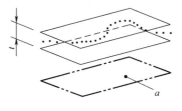 a—基准平面	提取（实际）中心线应限定在平行于基准平面 B，间距等于 0.01mm 的两平行平面之间 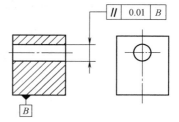
	线对基准体系的平行度公差	
	公差带为间距等于公差值 t 的两平行直线所限定的区域。此两平行直线平行于基准平面 A 且处于平行于基准平面 B 的平面内 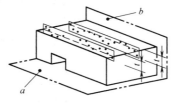 a—基准平面 A；b—基准平面 B	提取（实际）线应限定在间距等于 0.02mm 的两平行直线之间。该两平行直线平行于基准平面 A，且处于平行于基准平面 B 的平面内 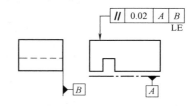
	面对基准线的平行度公差	
	公差带为间距等于公差值 t，平行于基准轴线的两平行平面所限定的区域 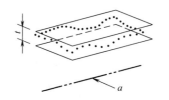 a—基准轴线	提取（实际）表面应限定在间距等于 0.1mm，平行于基准轴线 C 的两平行平面之间 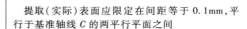 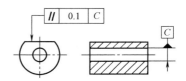
	面对基准面的平行度公差	
	公差带为间距等于公差值 t，平行于基准平面的两平行平面所限定的区域 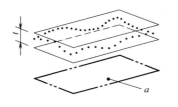 a—基准平面	提取（实际）表面应限定在间距等于 0.01mm，平行于基准平面 D 的两平行平面之间 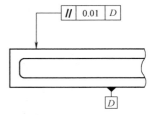

（续）

几何特征及符号	公差带的定义	标注和解释
	线对基准线的垂直度公差	
	公差带为间距等于公差值 t，垂直于基准线的两平行平面所限定的区域 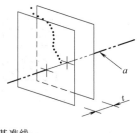 a—基准线	提取（实际）中心线应限定在间距等于 0.06mm，垂直于基准轴线 A 的两平行平面之间 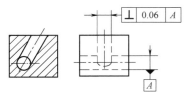
	线对基准体系的垂直度公差	
垂直度 ⊥	公差带为间距等于公差值 t 的两平行平面所限定的区域。此两平行平面垂直于基准平面 A 且平行于基准平面 B 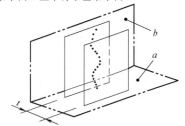 a—基准平面 A；b—基准平面 B	圆柱面的提取（实际）中心线应限定在间距等于 0.1mm 的两平行平面之间。此两平行平面垂直于基准平面 A 且平行于基准平面 B 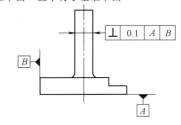
	公差带为间距分别等于公差值 t_1 和 t_2，且相互垂直的两组平行平面所限定的区域。此两组平行平面都垂直于基准平面 A，其中一组平行平面垂直于基准平面 B，另一组平行平面平行于基准平面 B 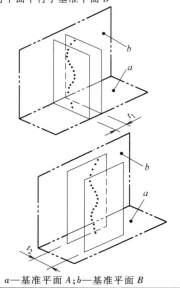 a—基准平面 A；b—基准平面 B	圆柱面的提取（实际）中心线应限定在间距分别等于 0.1mm 和 0.2mm，且相互垂直的两平行平面内。此两组平行平面都垂直于基准平面 A，其中一组平行平面垂直于基准平面 B，另一组平行平面平行于基准平面 B 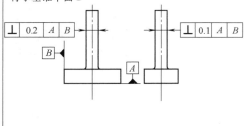

（续）

几何特征及符号	公差带的定义	标注和解释
	线对基准面的垂直度公差	
	若公差值前面加注了符号 φ，则公差带为直径等于公差值 φt、轴线垂直于基准平面的圆柱面所限定的区域 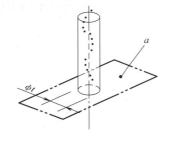 a—基准平面	圆柱面的提取（实际）中心线应限定在直径等于 φ0.01mm、垂直于基准平面 A 的圆柱面内 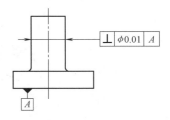
垂直度	面对基准线的垂直度公差	
	公差带为间距等于公差值 t 且垂直于基准轴线的两平行平面所限定的区域 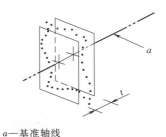 a—基准轴线	提取（实际）表面应限定在间距等于 0.08mm、且垂直于基准轴线 A 的两平行平面之间 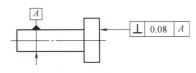
	面对基准平面的垂直度公差	
	公差带为间距等于公差值 t 且垂直于基准平面的两平行平面所限定的区域 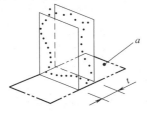 a—基准平面	提取（实际）表面应限定在间距等于 0.08mm，且垂直于基准平面 A 的两平行平面之间 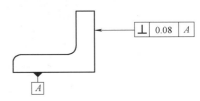

（续）

几何特征及符号	公差带的定义	标注和解释
倾斜度 	线对基准线的倾斜度公差	
	1）被测线与基准线在同一平面内 公差带为间距等于公差值 t 的两平行平面所限定的区域。此两平行平面按给定角度倾斜于基准轴线 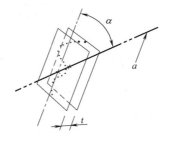 a—基准轴线	提取（实际）中心线应限定在间距等于 0.08mm 的两平行平面之间。此两平行平面按理论正确角度 60°倾斜于公共基准轴线 $A—B$ 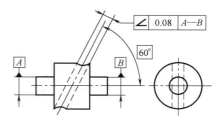
	2）被测线与基准线不在同一平面内 公差带为间距等于公差值 t 的两平行平面所限定的区域。此两平行平面按给定角度倾斜于基准轴线 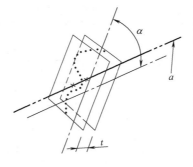 a—基准轴线	提取（实际）中心线应限定在间距等于 0.08mm 的两平行平面之间。此两平行平面按理论正确角度 60°倾斜于公共基准轴线 $A—B$ 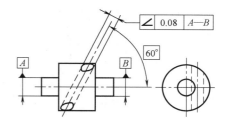
	线对基准面的倾斜度公差	
	公差带为间距等于公差值 t 的两平行平面所限定的区域。此两平行平面按给定角度倾斜于基准平面 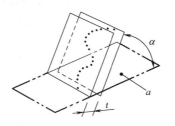 a—基准平面	提取（实际）中心线应限定在间距等于 0.08mm 的两平行平面之间。此两平行平面按理论正确角度 60°倾斜于基准平面 A 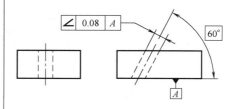

（续）

几何特征及符号	公差带的定义	标注和解释
	若公差值前面加注了符号 ϕ，则公差带为直径等于公差值 ϕt 的圆柱面所限定的区域。该圆柱面公差带的轴线按给定角度倾斜于基准平面 A 且平行于基准平面 B 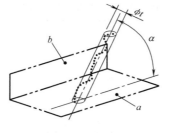 a—基准平面 A；b—基准平面 B	提取（实际）中心线应限定在间距等于 $\phi 0.1$mm 的圆柱面内。此圆柱面的中心线按理论正确角度 60° 倾斜于基准平面 A 且平行于基准平面 B 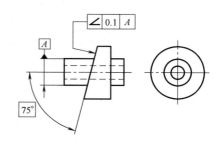
倾斜度 ∠	**面对基准线的倾斜度公差** 公差带为间距等于公差值 t 的两平行平面所限定的区域。此两平行平面按给定角度倾斜于基准直线 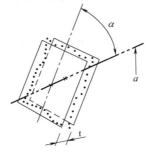 a—基准直线	提取（实际）表面应限定在间距等于 0.1mm 的两平行平面之间。此两平行平面按给定理论正确角度 75° 倾斜于基准轴线 A
	面对基准面的倾斜度公差 公差带为间距等于公差值 t 的两平行平面所限定的区域。此两平行平面按给定角度倾斜于基准平面 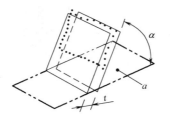 a—基准平面	提取（实际）表面应限定在间距等于 0.08mm 的两平行平面之间。此两平行平面按理论正确角度 40° 倾斜于基准平面 A 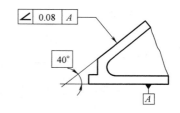

4. 位置公差带

位置公差是指被测提取要素对已具有确定位置的拟合要素的允许变动量，拟合要素是由基准和理论正确尺寸（长度或角度）确定的。当拟合要素和被测提取要素均为轴线时，为同轴度；当拟合要素和被测提取要素均为轴线，且足够短或为中心点时，为同心度；当拟合要素和被测提取要素为其他要素时，为对称度；其他情况均为位置度公差。位置公差带的定义、标注和解释见表 2-11。

表 2-11　位置公差带的定义、标注和解释（摘自 GB/T 1182—2008）

几何特征及符号	公差带的定义	标注和解释
位置度 $\bigoplus$	**点的位置度公差** 公差值前面加注了 $S\phi$，公差带为直径等于公差值 $S\phi t$ 的圆球面所限定的区域。该圆球面中心的理论正确位置由基准 A、B、C 和理论正确尺寸确定 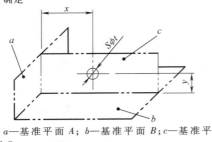 a—基准平面 A；b—基准平面 B；c—基准平面 C	提取（实际）球心应限定在直径等于 $S\phi 0.3$mm 的圆球面内。该圆球面的中心由基准平面 A、基准平面 B、基准中心平面 C 和理论正确尺寸 30mm、25mm 确定 注：提取（实际）球心的定义尚未标准化 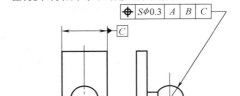
	线的位置度公差 给定一个方向的公差时，公差带为间距等于公差值 t、对称于线的理论正确位置的两平行平面所限定的区域。线的理论正确位置由基准平面 A、B 和理论正确尺寸确定。公差只在一个方向上给定 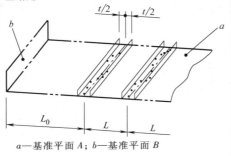 a—基准平面 A；b—基准平面 B	各条刻度线的提取（实际）中心线应限定在间距等于 0.1mm，对称于由基准平面 A、B 和理论正确尺寸 25mm、10mm 确定的理论正确位置的两平行平面之间 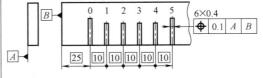

（续）

几何特征 及符号	公差带的定义	标注和解释
位置度 ⊕	给定两个方向的公差时，公差带为间距分别等于公差值 t_1 和 t_2、对称于线的理论正确（理想）位置的两对相互垂直的平行平面所限定的区域。线的理论正确（理想）位置由基准平面 C、A、B 和理论正确尺寸确定。该公差在基准体系的两个方向上给定 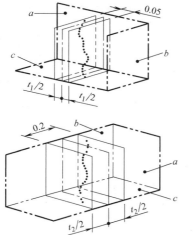 a—基准平面 A；b—基准平面 B；c—基准平面 C	各孔的测得（实际）中心线在给定方向上应各自限定在间距分别等于 0.05mm 和 0.2mm，且相互垂直的两对平行平面内。每对平行平面对称于由基准平面 C、A、B 和理论正确尺寸 20mm、15mm、30mm 确定的各孔轴线的理论正确位置 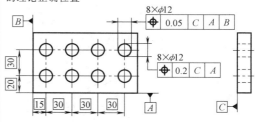
	公差值前面加注了符号 ϕ，公差带为直径等于公差值 ϕt 的圆柱面所限定的区域。该圆柱面轴线的位置由基准平面 C、A、B 和理论正确尺寸确定 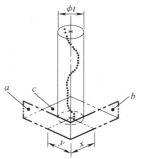 a—基准平面 A；b—基准平面 B；c—基准平面 C	提取（实际）中心线应限定在直径等于 $\phi 0.08$mm 的圆柱面内。该圆柱面轴线的位置应处于由基准平面 C、A、B 和理论正确尺寸 100mm、68mm 确定的理论正确位置上 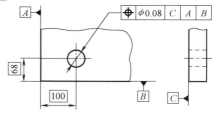 各提取（实际）中心线应各自限定在直径等于 $\phi 0.1$mm 的圆柱面内。该圆柱面的轴线应处于由基准平面 C、A、B 和理论正确尺寸 20mm、15mm、30mm 确定的各孔中心线的理论正确位置上 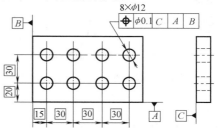

（续）

几何特征及符号	公差带的定义	标注和解释
位置度 ⊕	**轮廓平面或中心平面的位置度公差** 公差带为间距等于公差值 t，且对称于被测面理论正确位置的两平行平面所限定的区域内。面的理论正确位置由基准平面、基准轴线以及理论正确尺寸确定 a—基准平面；b—基准轴线	提取（实际）表面应限定在间距等于 0.05mm，且对称于被测面理论正确位置的两平行平面之间。此两平行平面对称于由基准平面 A、基准轴线 B 和理论正确尺寸 15mm、105°确定的被测面的理论正确位置 提取（实际）中心面应限定在间距等于 0.05mm 的两平行平面之间。此两平行平面对称于由基准轴线 A 和理论正确角度 45°确定的各被测面的理论正确位置
同心度和同轴度 ◎	**点的同心度公差** 公差值前面加注了符号 ϕ，公差带为直径等于公差值 ϕt 的圆周所限定的区域。该圆周的圆心与基准点重合 a—基准点	在任意横截面内，内圆的提取（实际）中心应限定在直径等于 $\phi0.1$mm，以基准点 A 为圆心的圆周内
	轴线的同轴度公差	

（续）

几何特征及符号	公差带的定义	标注和解释
同心度和同轴度 ◎	公差值前面加注了符号 ϕ，公差带为直径等于公差值 ϕt 的圆柱面所限定的区域。该圆柱面的轴线与基准轴线重合 a—基准轴线	大圆柱面的提取（实际）中心线应限定在直径等于 $\phi 0.08$mm、以公共基准轴线 A—B 为轴线的圆柱面内 ◎ $\phi 0.08$ A—B 大圆柱面的提取（实际）中心线应限定在直径等于 $\phi 0.1$mm、以基准轴线 A 为轴线的圆柱面内 ◎ $\phi 0.1$ A 大圆柱面的提取（实际）中心线应限定在直径等于 $\phi 0.1$mm、以垂直于基准平面 A 的基准轴线 B 为轴线的圆柱面内 ◎ $\phi 0.1$ A B
对称度 =	中心平面的对称度公差 公差带为间距等于公差值 t，对称于基准中心平面的两平行平面所限定的区域 a—基准中心平面	提取（实际）中心面应限定在间距等于 0.08mm，对称于基准中心平面 A 的两平行平面之间 = 0.08 A 提取（实际）的中心面应限定在间距等于 0.08mm，对称于公共基准中心平面 A—B 的两平行平面之间 = 0.08 A—B

5. 跳动公差带

跳动公差是被测要素绕基准轴线回转一周或连续回转时所允许的最大跳动量。按照测量方向及公差带对基准轴线的不同,跳动公差分为圆跳动(径向圆跳动、轴向圆跳动和斜向圆跳动)公差和全跳动(径向全跳动和轴向全跳动)公差。跳动公差带的定义、标注和解释见表2-12。

表 2-12　跳动公差带的定义、标注和解释(摘自 GB/T 1182—2008)

几何特征及符号	公差带的定义	标注和解释
圆跳动 (斜箭头符号)	**径向圆跳动公差** 公差带为任一垂直于基准轴线的横截面内,半径差等于公差值 t、圆心在基准轴线上的两同心圆所限定的区域 a—基准轴线;b—横截面	在任一垂直于基准轴线 A 的横截面内,提取(实际)圆应限定在半径差为 0.8mm、圆心在基准轴线 A 上的两同心圆之间 在任一平行于基准平面 B、垂直于基准轴线 A 的截面上,提取(实际)圆应限定在半径差为 0.1mm、圆心在基准轴线 A 上的两同心圆之间 在任一垂直于公共基准轴线 $A—B$ 的横截面内,提取(实际)圆应限定在半径差为 0.1mm、圆心在公共基准轴线 $A—B$ 上的两同心圆之间

（续）

几何特征及符号	公差带的定义	标注和解释
圆跳动 ↗	圆跳动通常适用于整个要素,但也可规定只适用于局部要素的某一指定部分	在任一垂直于基准轴线 A 的横截面内,提取(实际)圆弧应限定在半径差为 0.2mm、圆心在基准轴线 A 上的两同心圆弧之间 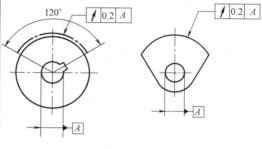
	轴向圆跳动公差	
	公差带为与基准轴线同轴的任一半径的圆柱截面上,间距等于公差值 t 的两圆所限定的圆柱面区域 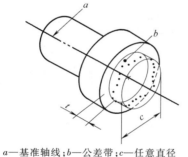 a—基准轴线;b—公差带;c—任意直径	在与基准轴线 D 同轴的任一圆柱形截面上,提取(实际)圆应限定在轴向距离为 0.1mm 的两个等圆之间 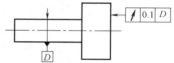
	斜向圆跳动公差	
	公差带为与基准轴线同轴的某一圆锥截面上,间距等于公差值 t 的两圆所限定的圆锥面区域 除非另有规定,测量方向应沿被测表面的法向 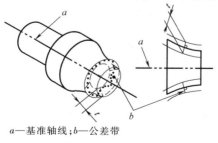 a—基准轴线;b—公差带	在与基准轴线 C 同轴的任一圆锥截面上,提取(实际)圆应限定在素线方向间距等于 0.1mm 的两不等圆之间 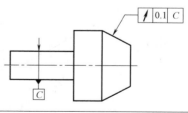
		当标注公差的素线不是直线时,圆锥截面的圆锥角要随所测圆的实际位置而改变 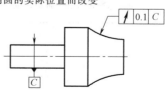

（续）

几何特征及符号	公差带的定义	标注和解释
圆跳动 ↗	**给定方向上的斜向圆跳动公差** 公差带为与基准轴线同轴、且具有给定圆锥角的任一圆锥截面上，间距等于公差值 t 的两不等圆所限定的区域 a—基准轴线；b—公差带	在与基准轴线 C 同轴且在给定角度 60° 的任一圆锥截面上，提取（实际）圆应限定在素线方向间距等于 0.1mm 的两不等圆之间
全跳动 ↗↗	**径向全跳动公差** 公差带为半径差等于公差值 t，与基准轴线同轴的两圆柱面所限定的区域 a—基准轴线	提取（实际）表面应限定在半径差等于 0.1mm，与公共基准轴线 $A—B$ 同轴的两圆柱面之间
	轴向全跳动公差 公差带为间距等于公差值 t，垂直于基准轴线的两平行平面所限定的区域 a—基准轴线；b—提取表面	提取（实际）表面应限定在间距等于 0.1mm、垂直于基准轴线 D 的两平行平面之间

第3章

常 用 量 具

【本章主要知识点】

1）游标卡尺、千分尺、游标万能角度尺、百分表的结构、基本原理、读数方法、使用方法和维护方法。

2）其他常用量具，如量块、角度块、水平仪、直角尺、塞尺、刀口形直尺的使用。

3）测量的基本方法。

3.1 游标卡尺和千分尺

3.1.1 游标卡尺

1. 游标卡尺的种类

游标卡尺是中等测量精度的常用量具，其种类很多，常用的游标卡尺如图3-1所示。

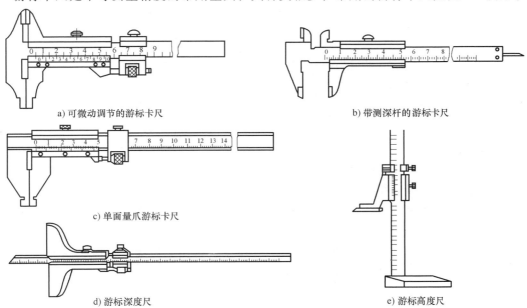

a) 可微动调节的游标卡尺   b) 带测深杆的游标卡尺

c) 单面量爪游标卡尺

d) 游标深度尺   e) 游标高度尺

图 3-1 常用的游标卡尺

2. 游标卡尺的结构

游标卡尺的结构如图 3-2 所示，它由尺身、游标、深度尺和制动螺钉等组成。松开制动螺钉即可推动游标在尺身上移动，通过两个测量爪可测量尺寸。游标卡尺上端两个刀口内测量爪可用来测量内孔直径和孔距尺寸，下端两个外测量爪可测量外径和长度，右端的深度尺用于测量深度。

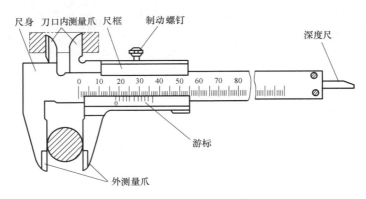

图 3-2　游标卡尺的结构

3. 游标卡尺的读数原理

常用游标卡尺的分度值有 1mm/20（0.05mm）和 1mm/50（0.02mm）两种。1mm/50 游标卡尺的尺身上每小格为 1mm，当两测量爪合并时，游标上的 50 格刚好与尺身上的 49mm 对正，游标每格为 49mm/50 = 0.98mm，如图 3-3a 所示。尺身与游标每格之差为 1mm − 0.98mm = 0.02mm，此差值即为 1mm/50 游标卡尺的分度值。

1mm/20 游标卡尺的尺身上每小格为 1mm，当两测量爪合并时，游标上的 20 格刚好与尺身上的 19mm 对正，游标每格为 19mm/20 = 0.95mm，如图 3-3b 所示。尺身与游标每格之差为 1mm − 0.95mm = 0.05mm，此差值即为 1mm/20 游标卡尺的分度值。

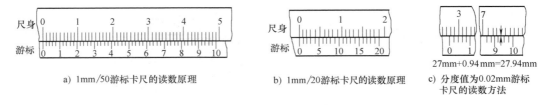

a) 1mm/50游标卡尺的读数原理　　b) 1mm/20游标卡尺的读数原理　　c) 分度值为0.02mm游标卡尺的读数方法

图 3-3　游标卡尺的读数原理及方法

使用前，要清楚游标卡尺的分度值和测量范围。首先，在尺身上读出位于游标零线左面最近的整数；再从游标上找出与尺身刻线重合的刻线，将该线的顺序数（格数）乘以游标的分度值，得到小数部分；最后把这两个数相加，即为测量值。如图 3-3c 所示，分度值为 0.02mm 游标卡尺的读数为 27mm + 47 × 0.02mm = 27.94mm。

用游标卡尺可以直接测量中等精度工件的外径、孔径、长度、宽度、深度和孔距等尺寸。

4. 游标卡尺的保养

1）游标卡尺作为较精密的量具，不得随意作为他用，如不得将游标卡尺的测量爪当作划针、划规和螺钉旋具使用。

2）移动卡尺的尺框和微动装置时，不要忘记松开制动螺钉，也不能松得过量，以免螺钉脱落丢失。

3）测量结束后，要将卡尺平放，尤其是大尺寸的游标卡尺，否则会造成尺身弯曲变形。

4）若游标卡尺受到损伤，应及时送计量部门修理，不得自行拆修。

5）游标卡尺使用完毕后要擦净上油，放在游标卡尺盒内，以免生锈或弄脏。

3.1.2 千分尺

1. 外径千分尺

（1）外径千分尺的结构 如图 3-4 所示，尺架的左端有测砧，右端是表面有刻线的固定套管，里面是带有内螺纹（螺距为 0.5mm）的衬套。测微螺杆右面的螺纹可沿此内螺纹回转，并用轴套定心。在固定套管的外面是有刻线的微分筒，它通过锥孔与测微螺杆右端锥体相连。测微螺杆转动时的松紧程度可用螺母调节。转动手柄，通过偏心锁紧可使测微螺杆固定不动。松开罩壳，可使测微螺杆与微分筒分离，以便调整零线位置。棘轮用螺钉与罩壳连接，转动棘轮盘，测微螺杆就会移动。当测微螺杆的左端面接触工件时，棘轮在棘爪销的斜面上打滑，测微螺杆就停止前进。由于弹簧的作用，使棘轮在棘爪销斜面滑动时发出"吱吱"声。如果棘轮盘反方向转动，则拨动棘爪销时，微分筒转动，使测微螺杆向右移动。

（2）外径千分尺的读数原理 外径千分尺的测微螺杆右端螺纹的螺距为 0.5mm，当微分筒转一周时，螺杆就移动 0.5mm。微分筒圆锥面上共刻有 50 格，因此微分筒每转一格，测微螺杆就移动 0.5mm/50＝0.01mm。固定套管上刻有主尺刻线，每格 0.5mm。

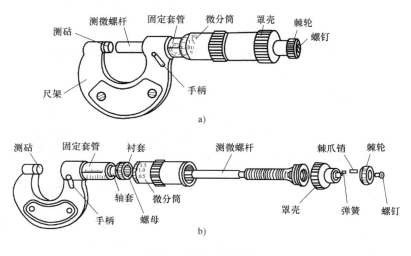

图 3-4 千分尺的结构

读数时，先在固定套管上读出其与微分筒相邻近的刻线数值（包括整数和 0.5mm 数）；再从微分筒上读出与固定套管的基准线对齐的刻线数值，将两个数值相加就是测量值。如图 3-5 所示，其尺寸为 35.5mm＋0.070mm＝35.570mm。由于固定套管的主尺刻线为每格 0.5mm，在使用中易出现 0.5mm 的粗大测量误差，一般要求千分尺和游标卡尺配合使用。

（3）外径千分尺的用途　千分尺的制造精度分为0级和1级两种，0级精度最高，1级稍差。外径千分尺主要用于测量精度要求较高的外径、长度和球的直径等。

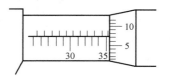

图3-5　外径千分尺的读数原理

（4）外径千分尺的保养

1）测量时，旋转千分尺的微分筒时不要用力过猛。

2）不要拧松千分尺的后盖，否则会造成零位改变。

3）不允许在千分尺的固定套管和微分筒之间加入酒精、煤油、柴油、凡士林和普通机油等；不得把千分尺浸入上述油类和切削液内。

4）使用千分尺时，在任何时候都应避免发生摔碰，若发生摔碰则应及时进行检查和校正。

5）不得使用千分尺测量毛坯件和表面粗糙的零件，以免磨损测量面。

6）要经常保持千分尺的清洁，使用完毕后应擦干净，同时要在两测量面上涂一层防锈油，让两测量面互相离开一些，然后放在专用盒内，保存在干燥的地方。

2. 内径千分尺

内径千分尺具有两个圆弧测量面，其测量范围有5~30mm、25~50mm、50~75mm、75~100mm、100~125mm、125~150mm几种，分度值为0.01mm。

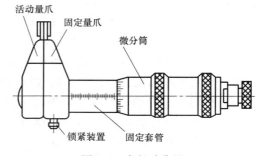

图3-6　内径千分尺

（1）内径千分尺的结构与读数原理　内径千分尺如图3-6所示，其结构和传动原理与外径千分尺基本相同，只是量爪的测量面不在测微螺杆的轴线上，所以测量精度低于外径千分尺。

（2）内径千分尺的用途　内径千分尺主要用于测量内径和槽宽等尺寸。

（3）内径千分尺的使用方法与注意事项　内径千分尺的读数方法与外径千分尺相同，但它的测量方向和读数方向与外径千分尺相反，注意不要读错。校对零位时，应该使用检定合格的标准环规，或者用量块和量块附件组合体。测量时不允许把两个量爪作为固定卡规使用。

3. 深度千分尺

深度千分尺用于测量孔和键槽的深度、台阶的高度或工件中两平面之间的距离等。其分度值为0.01mm，测量范围有0~50mm与0~100mm两种。

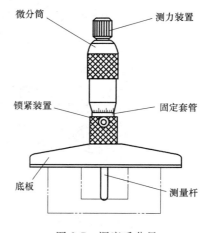

图3-7　深度千分尺

（1）深度千分尺的结构与读数原理　深度千分尺是由底板、锁紧装置、微分筒、测力装置、固定套管、测量杆等组成的，如图3-7所示。底板与被测孔的端面（与孔的轴线垂直）是测量的基准，所以测量深度时两者必须紧密接触，然后转动测力装置，使测量杆的测量面与孔的底面接触，此时深度千分尺的示值即为孔的深度。

（2）深度千分尺的使用方法与注意事项　深度千分尺的使用方法及注意事项与深度游标卡尺、外径千分尺相似。

4. 奇数沟千分尺

奇数沟千分尺可用来测量等分奇数槽零件（如三槽丝锥、奇数槽铣刀及铰刀）的外径 d，如图3-8所示。因为等分三槽的槽间夹角 $\beta=120°$，所以V形测量面的夹角 $\alpha=60°$，且对称于测微螺杆的轴线。与等分五槽 β 对应的是 $\alpha=108°$，它们都形成三点测量，通过函数运算，可得到测量精度较高的外径尺寸 d。奇数沟千分尺（图3-9）能够更换与等分奇数槽相对应的V形测砧。奇数沟千分尺的分度值为0.01mm，其测量范围：三槽为 $1\sim15$mm、$1\sim20$mm、$5\sim20$mm；五槽为 $5\sim25$mm、$25\sim45$mm；七槽为 $25\sim50$mm。

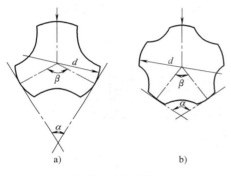

图3-8　三点法测量

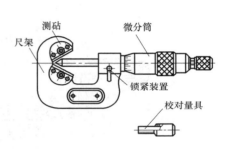

图3-9　奇数沟千分尺

（1）奇数沟千分尺的结构和传动原理　奇数沟千分尺的结构如图3-9所示，它主要由尺架、测砧、微分筒、锁紧装置等组成。其读数原理与外径千分尺完全相同，但使用方法不同。测量前，用校对量具校对零位（相对测量法）。测量时，V形测砧的两个测量面与被测零件相邻的两个齿顶接触，再转动测力装置，使测微螺杆的端面与和这两齿相对的另一个齿接触，即可读数。

（2）奇数沟千分尺的使用方法与维护保养

1）奇数沟千分尺使用时应注意温度的影响，应用手握住隔热装置，远离热源。

2）使用时应注意保持测力恒定。当两测量面将要接触被测表面时，只旋转测力装置即可，不许猛力转动测力装置；退出时应转动微分筒，不要转动测力装置。

3）测量较大工件时，采用双手操作法，左手拿住尺架的隔热装置，右手旋转测力装置；测量小工件时，先将奇数沟千分尺调整到稍大于被测尺寸之后，用左手拿住工件，采用右手单独操作法，也可采用尺架固定操作法。

4）使用时应小心轻放，不要摔碰，不要测量旋转的被测件。

5）测量时，为了选择正确的接触位置，要左右、前后晃动尺架，找出最合理的尺寸位置。

6）测量前要擦净奇数沟千分尺的测量面和工件的被测表面。

7）奇数沟千分尺用完后应清理干净，涂油，放在专用的盒内。

3.1.3　杠杆千分尺

杠杆千分尺是利用杠杆传动机构将尺架上两测量面的相对轴向运动转变为指针表指针的

回转运动的。杠杆千分尺是一种精密测量器具，其测量范围有 0～25mm、25～50mm、50～75mm、75～100mm 等几种，分度值为 0.001mm 或 0.002mm。它的用途与外径千分尺相同，但适用于批量较大、精度要求较高的中小件的测量。

1. 杠杆千分尺的结构

杠杆千分尺是一种带有精密杠杆齿轮传动机构的指示式测微量具，它一般有两种形式：表盘可调式及表盘固定式。杠杆千分尺的结构如图 3-10 所示。

杠杆千分尺主要由测微头和杠杆测微机构组成。杠杆千分尺的尺架具有较大的刚性，活动测砧可移动。在图 3-10 中，活动测砧的测力装置采用螺旋弹簧，保持测力稳定。若压上按钮，则在拨动杆及压杆的作用下，球形端面销子将带动活动测砧，松开按钮，活动测砧则在螺旋弹簧的作用下以恒定的测力与工件表面接触。

读取杠杆千分尺的示值时，应按千分尺的读数方法先读取微分头上的示值，然后加上表盘示值，即为杠杆千分尺读数。

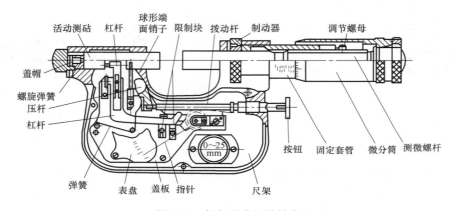

图 3-10　杠杆千分尺的结构

2. 杠杆千分尺的使用方法与注意事项

（1）检查杠杆千分尺　使用杠杆千分尺之前，也要进行各方面的检查，除与外径千分尺有相同的检查项目外，还要检查杠杆测微机构。在没压按钮时，指针在表盘负号一边；当压下按钮时，指针应平稳、均匀地摆动，不能产生跳动和卡住现象；松开按钮后，指针应回到原处。

（2）校对零位　测量前，还要校对杠杆千分尺的零位，即校对微分筒的零位和杠杆指示表的零位。0～25mm 杠杆千分尺可以使两个测量面相互接触，直接进行校对；25mm 以上的杠杆千分尺，要用校对量杆或用相应量块来校对。

表盘固定式杠杆千分尺的零位调整：擦净两个测量面，旋转微分筒，使两个测量面轻轻地相互接触，当指针与表盘的零线对准时，就停止转动微分筒。这时，若微分筒也对准零位，则说明零位正确；否则，说明零位不准，必须调整。也可以先调整微分筒对零，然后看指针是否对零，如果不对零，就需要调整。调整的方法：先使指针对准表盘上的零线，然后用锁紧装置把测微螺杆锁住，再按外径千分尺调整零位的方法进行调整，可松开微分筒的后盖，转动微分筒使之对准零位，再拧紧后盖，直到零位稳定为止。

表盘可调式杠杆千分尺的零位调整：先使微分筒对准零位，这时若表盘上的指针没有对准零位，则转动表盘上的调零机构，使指针对准表盘的零刻线。

在零位调整之后，应多次按压按钮，示值必须稳定。

（3）绝对测量　把被测件放在杠杆千分尺活动测砧和测微螺杆之间的正确位置上，调节微分筒，使它的某一条刻线与固定套管上的纵刻线对准，并使表盘上的指针有适当的示值，然后按动按钮几次，示值必须稳定。这时用微分筒的读数加上表盘的读数，就是被测件的实际尺寸。

（4）相对测量　可用量块作为标准件来调整杠杆千分尺，使表盘指针指到零位，然后用锁紧装置把测微螺杆锁住，在表盘上读数，这样可避免测微头示值误差的影响，提高测量的准确度。测量时，先用手压住按钮，使活动测砧退回，然后把被测件放入两测量面之间，以免碰伤测量面。被测件放入后就松开按钮，再按一两次，示值稳定时再从表盘上读数，这就是被测尺寸的偏差值。测量完毕后，也要先按压按钮，使活动测砧退回，再取出被测件。

（5）成批件测量　按照被测件的公称尺寸调整好杠杆千分尺示值（为了提高测量精确度，也可用量块调整），然后根据被测件验收上、下极限偏差，来调节表盘上公差指示器的位置。测量时，只需要观察指针，若停在两公差指示器之间，就是合格品，否则就不是合格品。这种测量方法的效率和准确度都比较高。

（6）注意事项　测量两曲面或两切削刃之间的距离时，应摆动杠杆千分尺或被测件，要在指针的返折处（即转折点）读数，才是较准确的测得值；对杠杆千分尺要格外小心维护保养，不要过多地按压按钮；不要打开盖板，严禁向杠杆齿轮传动机构内注油。

3. 杠杆卡规

杠杆卡规如图 3-11a 所示，它与杠杆千分尺的结构类似，不同的是它没有测微头，指示机构的放大比为 200～450，所以用途上少了绝对测量。杠杆卡规的测量范围有 0～25mm、25～50mm、50～75mm、75～100mm、100～125mm、125～150mm 等几种。表盘的分度值有 0.002mm 和 0.005mm 两种。

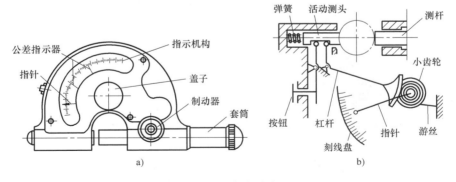

图 3-11　杠杆卡规

（1）杠杆卡规的结构与传动原理　杠杆卡规主要由杠杆测微机构和调整范围装置两部分组成，如图 3-11b 所示。杠杆测微机构的工作原理与杠杆千分尺相似。

（2）杠杆卡规的使用方法与注意事项　测量前校正零位，按照被测工件的尺寸及精度要求选择量块；卸下套筒，松开制动器，旋转滚花旋钮使测杆沿轴线轻轻顶住量块，并顶到指针对准零线；零位校正好后，旋紧制动器以固定测杆，装上套筒。打开盖子，用专用扳手按被测工件的精度要求调节两个公差指示器。

测量时，按下按钮，工件放入测量位置时，不可发生摩擦、划伤。放回按钮时要慢，使活动测头不冲击被测工件的表面。当被测工件的尺寸变大时，活动测头向左移动（测杆不动）且压缩弹簧，杠杆（扇形齿轮）、传动小齿轮及同轴的指针做顺时针方向转动，在刻线盘上显示测量值，弹簧产生测量力；游丝消除传动机构的间隙。

检验成批工件时，只需观察指针是否停在公差指示器的范围内，便可确定被测尺寸是否合格，因此测量效率高，测量准确度也较高。

杠杆卡规的测量方法与杠杆千分尺相似，测量时，先用手按压按钮，再将被测件放入两个测量面中间，这时慢慢松开按钮，使活动测头轻轻接触被测量表面，观察指示机构中指针的位置，并读取数值。取出被测件时，也要先压下按钮，使活动测头离开被测量表面。测量过程中，不允许硬卡或硬拉，以免加剧测量面的磨损。

3.2 百分表

3.2.1 百分表的原理和使用方法

百分表是一种带指针的精密量具，具有结构简单、使用方便、价格便宜等优点，如图 3-12 所示。

1. 百分表的结构原理

百分表的结构如图 3-13 所示。百分表的传动系统是由齿轮、齿条等组成的。测量时，当带有齿条的测杆上升时，带动小齿轮 z_2 转动，与 z_2 同轴的大齿轮 z_3 及转数指针也跟着转动，而 z_3 又带动小齿轮 z_1 及其轴上的指针偏转。游丝的作用是迫使所有齿轮做单向啮合，以消除由齿侧间隙引起的测量误差。弹簧是用来控制测量力的。

图 3-12 百分表

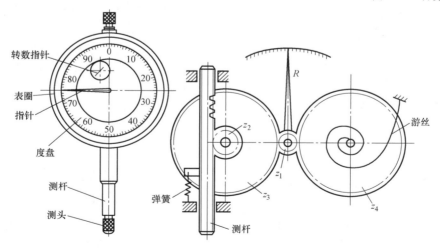

图 3-13 百分表的结构

百分表的表盘上沿圆周刻有 100 等分格，其分度值为 1mm/100 = 0.01mm。测量时，当指针转过 1 格刻线时，表示零件尺寸变化 0.01mm。百分表主要用于长度的相对测量和几何偏差的相对测量，也可在某些机床或测量装置中用于定位和指示。

2. 百分表的维护保养

1）使用百分表时要轻拿轻放，按压测杆的次数不宜过多；测量时，测杆行程不能超出它的测量范围。

2）不得使表受到剧烈振动，不要敲打表的任何部位，不要让测头突然撞落到被测工件上。

3）严防水、油、灰尘等污物进入表内。

4）百分表用完后，应将其擦干净放回盒内，让测杆处于自由状态，这样可以避免弹簧失效，以保持其测量精度。一般情况下，不要在测杆上涂凡士林或其他油脂。

3.2.2　杠杆百分表

杠杆百分表是利用杠杆、齿轮传动系统，将杠杆测头的直线位移转变为指针在度盘上的角位移，并由百分表度盘进行读数的测量器具。

1. 杠杆百分表的结构原理

杠杆百分表的结构如图 3-14 所示。它是工厂中使用比较普遍的一种测量器具。杠杆百分表的度盘是对称刻度的，其分度值为 0.01mm。它的测量范围很小（0~0.8mm），指针至多可转一圈，因此没有转数指示盘。可以转动表用于对零位。测量时，球面形的杠杆测头要靠在被测表面上，当被测尺寸引起测头的微小位移（摆动）时，使指针产生较大幅度的摆动，从而可从度盘上读出被测值。

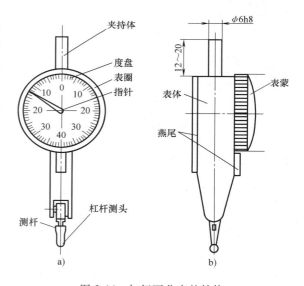

图 3-14　杠杆百分表的结构

2. 杠杆百分表的用途

杠杆百分表小巧灵活，主要用来测量被测件的几何形状和相互位置误差，校正零件或夹具的安装位置，以及用相对法测量尺寸等，特别适合测量那些普通百分表难以测量或不便测量的表面，如小孔、凹槽及坐标尺寸等，常用于在车床、磨床上找正工件的安装位置。

3. 杠杆百分表的使用方法与注意事项

1）使用前要对杠杆百分表进行检查，除与百分表有相同的检查项目外，还应特别注意检查测量端的球面，如果已被磨出平面，对测量结果的影响就会很大，不能再使用。另外，要检查杠杆测头是否因转轴等处有配合间隙而晃动，用手捏住测头，上下、左右轻轻推动，观察指针变化，若左右摆动超过半格，就不能使用了。

2）根据测量需要，可以扳动杠杆测头来改变测量位置。

3）根据测量方向的要求，应把换向器扳到需要的位置上。

4）扳动杠杆测头角度位置和换向器位置的次数要尽量少，以便减少磨损。

5）杠杆百分表的正确使用位置是保持杠杆测头轴线与测量线相垂直，如图 3-15 所示。如图 3-16 所示，当因某种原因，杠杆测头的轴线不能与测量线相互垂直时，测量结果必定有误差，表的读数值要比实际尺寸大。为了得到正确的测量结果，应按下式进行修正

$$A = a\cos\alpha$$

式中　A——正确的测量结果，单位为 mm；

　　　a——测量读数，单位为 mm；

　　　α——杠杆测头的轴线与被测表面的夹角，即测量线与杠杆测头轴线垂直方向的夹角，单位为度（°）。

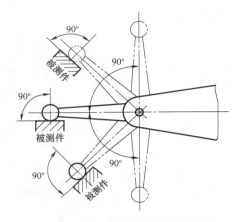

图 3-15　杠杆测头轴线的正确位置

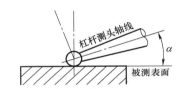

图 3-16　杠杆测头轴线不与测量线相互垂直

3.2.3　内径百分表

内径百分表是将活动测头的直线位移转变为指针在度盘上的角位移，并以百分表进行读数的内尺寸测量器具，如图 3-17 所示。

内径百分表是通过选择不同长度的可换测头或调整可换测头的长度来改变其测量范围的。因此，每一个内径百分表都附带一套可换测头，可根据被测尺寸的大小来选用。内径百分表的测量范围有 6~10mm、10~18mm、18~35mm、35~50mm、50~100mm、100~160mm、160~250mm 等规格，其分度值为 0.01mm。

内径百分表按其结构可分为带定位护桥和不带定位护桥两种，两者的测量范围不同，所采用的传动机构也不一样。但是，它们的工作原理基本相似，传动机构的传动比均为 1，使得活动测头的移动量与指示表的示值相等。

内径百分表是由表头和表架组成的。表头可为一般的百分表，作为读数装置。表架是一个管状结构，内部装有杠杆或楔形等形式的传动机构，可把测头的直线移动传递给表头的测杆，从而在表头上读出误差值。

1. 内径百分表的结构与传动原理

杠杆传动式内径百分表如图 3-17b 所示。它的主体是一个三通管，在一端装着活动测头，另一端安装着可换测头，垂直管口的一端通过直管安装着百分表。测量时，被测孔径的尺寸偏差引起活动测头的直线移动，通过杠杆推动活动杆，使百分表的指针转动。由于杠杆

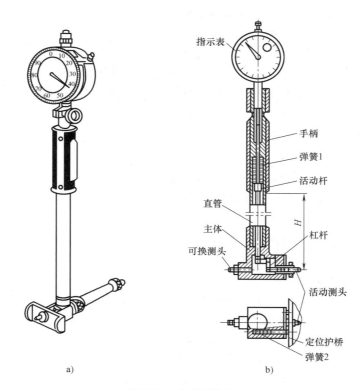

图 3-17 内径百分表

的两侧触点是等距离的（等臂杠杆），不仅能把活动测头水平方向的移动转变成活动杆垂直方向的移动，而且可使它们的位移量相等。例如，活动测头移动 1mm 时，活动杆也移动1mm，并推动百分表的指针转 1 圈，因此，活动测头的移动量可从百分表上直接读出来。弹簧 1 能使活动测头产生足够的测量力。

假如用内径百分表的两个测头接触孔壁进行测量，则很不容易找正孔的直径方向。为了提高测量准确度，在内径百分表上安装一个定位护桥，就起到了帮助找正直径位置的作用。定位护桥的端部形状是圆弧形，而且两臂对称相等，在弹簧 2 的作用下，定位护桥沿着导向孔的方向（平行于测杆轴线）向外伸出，并与被测孔的表面相接触，可使两个测头正好位于内孔直径的两端。定位护桥的压力在任何位置上都要大于活动测头的测力，这样才能保证定位的可靠性。

2. 内径百分表的用途

内径百分表可对内孔直径和沟槽宽度进行相对测量，还可以测量孔或槽的形状误差，对于测量深孔极为方便。

3. 内径百分表的使用方法

内径百分表调整好尺寸之后，可对一批公称尺寸相同的被测件进行连续测量，如图 3-18 所示。

（1）安装百分表 把百分表的测头、测杆和轴套等擦净，装进表架的弹簧夹头中，要使表的主指针转过一圈后，再紧固弹簧夹头，但夹紧力不要过大。

（2）选择可换测头 根据被测尺寸，要选择一个相应尺寸的可换测头装到表架上。安装前，要注意检查可换测头和活动测头测量面的磨损情况。若圆弧形的测量面已经磨出平面来，就不能再使用。

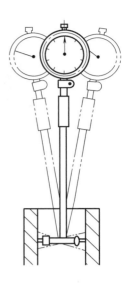

大尺寸内径百分表的可换测头是用螺纹连接到主体上去的，可以调整它的伸出距离；小尺寸内径百分表的可换测头不能调整。在选用可换测头长度及其伸出距离时，要使被测尺寸能够处于活动测头移动范围的中间位置上（测量上限大于35mm的内径百分表，在活动测头上有一条环状标线，该标线应与端面平齐），这时的杠杆误差为最小。

（3）调整尺寸　内径百分表只能用于相对测量，在测量前，应该用标准环或量块及量块附件的组合体来调整好尺寸。调整尺寸（又称为校对零位）的方法：首先检查百分表的示值变化，可按压几次活动测头，看表针摆动情况；然后用手按定位护桥，使活动测头先放入标准环内，再放入可换测头，由于定位护桥的作用，两个测头能够自动地在标准环的直径方向上定位，但需要使测头轴线与孔壁垂直，这时要把内径百分表在孔的轴线方向上微微地来回摆动，

图 3-18　内径百分表的使用方法

如图 3-19 所示，以便找出指针的"转折点"，也就是指示出的最小值，这才是测得的正确数值。转动百分表的表圈，使表盘零线与指针的"转折点"处相重合。最后再摆动几次，检查零位是否稳定。对好零位后，把内径百分表从标准环内轻轻取出来。操作时，用一只手拿住直管上的手柄（带隔热套），用另一只手扶住直管下部靠近主体的地方。

（4）测量槽宽　测量槽宽时，内径百分表的测头要沿着槽壁的两个垂直方向轻微摆动，找出指针的"转折点"即最小值，才是正确的被测尺寸。

（5）测量形状误差　为了测出孔的圆度误差，可在同一个径向面内的不同位置上测量几次。为了测出孔的圆柱度误差，可在几个不同的径向面内测量几次。

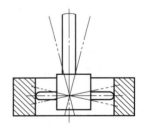

（6）不能测量薄壁件　在一般情况下，不能使用内径百分表测量薄壁被测件的孔径，这是因为定位护桥的压力较大，会引起被测件变形，造成测量结果不准确。

图 3-19　内径百分表调整尺寸

4. 内径百分表的读数方法

用内径百分表测量孔径时的操作方法与调整尺寸时相同，百分表上的数值（指针在"转折点"处的数字）就是被测孔径与标准环孔径之差。当指针正好指在零刻线处时，说明被测孔径与标准环孔径相等。若指针沿顺时针方向离开零位，表示被测孔径小于标准环的孔径；若指针沿逆时针方向离开零位，则表示被测孔径大于标准环的孔径。这一点需要特别注意，以免记错读数。

5. 内径百分表的维护保养

内径百分表除遵守测量器具维护保养的一般事项外，还要注意以下几点：

1）内径百分表是个细长形测量器具，应避免受到撞击和摔碰；直管上不准压放其他物品。

2）检查时，按压活动测头要小心，不要用力过大或过快；测量时，不要使活动测头受到剧烈振动。

3）装卸百分表时，要先松开弹簧夹头的紧固螺钉或螺母，注意不要损坏百分表和夹头。

4）不要让水、油污和灰尘等进入表架内。

5）测量完毕，要把百分表和可换测头取下擦净，并在测头上涂上防锈油，放入盒内保管。

3.3 游标万能角度尺

游标万能角度尺是用来测量工件内、外角度的量具。它的分度值有2′和5′两种，测量范围一般为0°~320°。

1. 游标万能角度尺的结构

游标万能角度尺的结构如图3-20所示。它是由刻有角度刻线的扇形板和固定在底板上的游标组成的。扇形板可以在底板上回转移动，形成与游标卡尺相似的结构。用夹紧块可以把直尺和直角尺固定在底板上，从而使测量角度的范围在0°~320°之内。

2. 游标万能角度尺的刻线原理及读数方法

本书以分度值为2′的游标万能角度尺为例，介绍其读数原理。扇形板（主尺）上有120格刻线，每格为1°，游标刻线有30格，对应扇形板上的29格，即29°。则游标每格所对应的角度为 $\frac{29°}{30}$，因此，游标1格与扇形板（主尺）1格相差 $1° - \frac{29°}{30} = 2′$，即游标万能角度尺的分度值为2′。

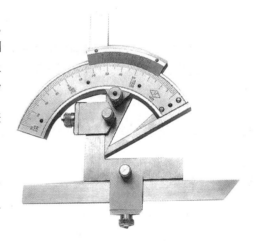

图3-20 游标万能角度尺

读数时，先看游标零线左边主尺上所指示的角度（作为整数部分），读出"度"的数值；再看游标上哪条线与主尺的刻线对齐，读出"分"的数值；最后将度数值和分数值相加，即为角度值。

3. 游标万能角度尺的测量范围

由于直尺和直角尺可以移动和拆卸，游标万能角度尺可以测量0°~320°范围内的任意角度，如图3-21所示。

4. 游标万能角度尺的保养

1）调整零位，将游标的零线对准扇形板的零线，游标的尾线应对准扇形板（主尺）相应刻线，再拧紧固定螺钉。

2）使用前，要擦净游标万能角度尺和被测工件，并检查游标万能角度尺的测量面是否生锈和碰伤，活动件是否灵活、平稳，能否固定在规定的位置上。

3）测量工件时，应先调整好基尺或直尺的位置，并用夹紧块上的螺钉锁定后，再松动

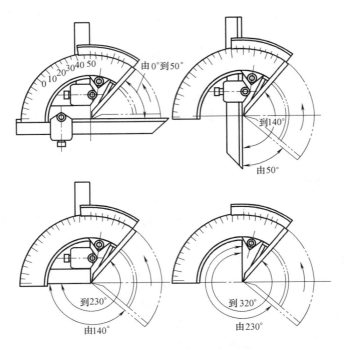

图 3-21　游标万能角度尺的测量范围

螺母，移动尺身进行调整，直到达到要求位置为止。

　　4）测量完毕后，松开其各处紧固件，取下直尺等元件，然后擦净并涂上防锈油，装入盒内。

3.4　其他常用量具

3.4.1　量块

1. 量块的结构

　　量块如图 3-22 所示，可用来校准和检定长度计量器具，也可用于精密划线和精密机床的调整。量块与量块附件并用，如图 3-23 所示，可测量某些精密的工件尺寸。

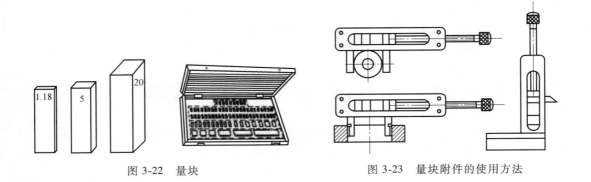

图 3-22　量块　　　　　　　　　　图 3-23　量块附件的使用方法

量块按制造精度分为 0、1、2、3 和 K 级，0 级精度最高，3 级精度最低，K 级为校准级。

量块一般成套制造，装在特制的木盒内。表 3-1 所列是常用的 3 套量块的尺寸编组，每套量块数分别为 83 块、46 块和 38 块。

表 3-1　成套量块尺寸编组

套别	总块数	级别	尺寸系列/mm	间隔/mm	块数
1	83	0,1,2	0.5	—	1
			1	—	1
			1.005	—	1
			1.01,1.02,…,1.49	0.01	49
			1.5,1.6,…,1.9	0.1	5
			2.0,2.5,…,9.5	0.5	16
			10,20,…,100	10	10
2	46	0,1,2	1	—	1
			1.001,1.002,…,1.009	0.001	9
			1.01,1.02,…,1.09	0.01	9
			1.1,1.2,…,1.9	0.1	9
			2,3,…,9	1	8
			10,20,…,100	10	10
3	38	0,1,2	1	—	1
			1.005	—	1
			1.01,1.02,…,1.09	0.01	9
			1.1,1.2,…,1.9	0.1	9
			2,3,…,9	1	8
			10,20,…,100	10	10

2. 量块的使用方法

（1）量块的尺寸组合　量块尺寸组合时，所需尺寸的量块必须合理组合，块数越多，误差越大。用 83 块组合尺寸时一般不要超过 4 块，用 46 块或 38 块组合尺寸时一般不要超过 5 块。在组合时，先按所需组合的尺寸最后一个（或两个）尾数，选取具有相应尾数的第 1 块，再按照所需尺寸和第 1 块量块尺寸之差的最后一个（或两个）尾数选取第 2 块，以此类推，逐块选取。例如，要组成 56.975mm 的尺寸，若采用套别 1 量块（83 块），则选取方法如下：

$$
\begin{array}{rll}
& 56.975 \text{ mm} & \\
- & 1.005 \text{ mm} & \text{第 1 块} \\
\hline
& 55.970 \text{ mm} & \\
- & 1.47 \text{ mm} & \text{第 2 块} \\
\hline
& 54.5 \text{ mm} & \\
- & 4.5 \text{ mm} & \text{第 3 块} \\
\hline
& 50 \text{ mm} & \\
- & 50 \text{ mm} & \text{第 4 块} \\
\hline
& 0 &
\end{array}
$$

若选用其他套别量块组,则选取方法相同,如采用套别2量块(46块)或套别3量块(38块),第1块为1.005,第2块为1.07,第3块为1.9,第4块为3,第5块为50,即由五块组成。

(2)量块的研合方法 量块研合性是指量块的一个测量面与另一量块的测量面或与另一经研磨光整加工的类似平面,通过分子吸力的作用而粘合的性能。由于量块的这一性能,将量块的两个测量面靠在一起,轻轻地推合,它们就能研合在一起,并且有一定的吸附强度,不会轻易分开,成为一个量块组。研合的方法一般有以下两种。

1)平行研合法。量块沿着测量面的长边方向,先将端缘部分的测量面相接触,初步产生研合力;然后推动一个量块沿着另一个量块的测量面平行方向滑进(行进的路径呈S形),最后将两个测量面全部研合在一起。

2)交叉研合法。开始时,先将两块量块的测量面交叉成十字形相互叠合;把一块量块转90°,使两个测量面变为相互平行的方向;再沿着测量面长边方向后退,使测量面的边缘部分相接触;最后按上述平行研合法,使两个测量面全部研合在一起。

3. 量块使用时的注意事项

1)使用量块前应对被测工件进行外观检查,消除毛刺、油污和灰尘。

2)不允许用手直接拿取量块或对着量块吹气、讲话(防止唾沫溅到量块上),其目的是确保测量精度和防止量块锈蚀。

3)量块应清洗后再用软绸擦干净,方能使用。

4)量块使用完毕后,应把研合后的量块组逐块推下(不可强力拉开或掰开),然后用航空汽油清洗干净,用软绸擦干净后,涂上防锈油,放入专用盒内。

4. 量块的维护保养

1)研合前,用航空汽油洗去量块上的防锈油,再用清洁的软绸将测量面擦干净;不要用棉纱去擦量块的测量面,以免损伤量块的测量面。

2)量块组的研合顺序是,先将小尺寸的量块研合,再顺次与尺寸较大的量块研合。

3)量块研合时,不许使用强力,特别是在使用薄量块时更应注意,以免造成量块的扭弯和变形。一般可在平板上垫一块绸布,放上薄量块,再用厚量块往上研合。

4)研合时,如发现量块滑动有阻滞或刮磨现象,应立即停止研合,并检查两测量面上是否有毛刺或夹带灰尘等脏物,若有脏物要重新用航空汽油洗净擦干,再进行研合。

5)量块研合好之后,还要检查研合是否牢固,以防使用中量块跌落受损。最好在测量地点附近铺上木板或一些软布,以免量块意外散落时被损伤。

6)量块研合时,应尽可能减小摩擦,以免增大测量面的表面粗糙度值,使研合力减小。需要多次组合量块时,应尽可能避免重复选用某几个尺寸,以防部分尺寸的量块磨损过多。

7)拆开量块组时,也应沿着测量面的长边方向推动滑出;不允许在测量面的垂直方向上把两块量块强力拉开或掰开。

8)量块组使用完毕,应立即把量块分开,并及时洗净擦干。不允许把量块长时间研合在一起(不准超过1h),以免引起测量面的损伤。

3.4.2 角度量块

1. 角度量块的结构

角度量块是精密角度的标准量具。角度量块一般成套制造,共分4组,表3-2所列为角度量块的分组和套数，其中第 1 组用于检定游标万能角度尺。常用的角度量块为第 2 组（36块一套）和第 3 组（94 块一套）。第 3 组 94 块角度量块中，三角形的角度量块有 85 个，工作角为 $10° \sim 79°$；四边形的角度量块有 9 个，工作角为 $80° \sim 100°$。三角形的角度量块只有一个角是工作角 α（图 3-24a），四边形的角度量块四个角都是工作角 α_1、α_2、α_3、α_4（图 3-24b）。角度量块的准确度级别分为 0、1、2 三级，工作角度的偏差：0 级为 $\pm 3''$，1 级为 $\pm 10''$，2 级为 $\pm 30''$。角度量块测量面的表面粗糙度 Ra 的最大值不应超过 $0.02\mu m$。角度量块上的小孔是组合使用时安装夹持具用的。

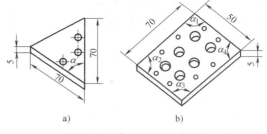

图 3-24　角度量块示意图

表 3-2　角度量块的分组和套数

组别	角度量块形式	工作角度递增值	工作角度标称值	块数	准确度级别
第 1 组（7 块）	Ⅰ 型	$15°10'$	$15°10', 30°20', 45°30', 60°40', 75°50'$	5	1,2
		—	$50°$	1	
	Ⅱ 型	—	$90°—90°—90°—90°$	1	
第 2 组（36 块）	Ⅰ 型	$1°$	$10°, 11°, \cdots, 19°, 20°$	11	0,1
		$1'$	$15°1', 15°2', \cdots, 15°8', 15°9'$	9	
		$10'$	$15°10', 15°20', 15°30', 15°40', 15°50'$	5	
		$10°$	$30°, 40°, 50°, 60°, 70°$	5	
		—	$45°$	1	
		—	$75°50'$	1	
	Ⅱ 型	—	$80°—99°—81°—100°,$ $90°—90°—90°—90°,$ $89°10'—90°40'—89°20'—90°50',$ $89°30'—90°20'—89°40'—90°30'$	4	
第 3 组（94 块）	Ⅰ 型	$1°$	$10°, 11°, \cdots, 78°, 79°$	70	0,1
		—	$10°0'30''$	1	
		$1'$	$15°1', 15°2', \cdots, 15°8', 15°9'$	9	
		$10'$	$15°10', 15°20', 15°30', 15°40', 15°50'$	5	
	Ⅱ 型	—	$80°—99°—81°—100°, \quad 82°—97°—83°—98°,$ $84°—95°—85°—96°, \quad 86°—93°—87°—94°,$ $88°—91°—89°—92°, \quad 90°—90°—90°—90°$ $89°10'—90°40'—89°20'—90°50',$ $89°30'—90°20'—89°40'—90°30',$ $89°50'—90°0'30''—89°59'30''—90°10'$	9	
第 4 组（7 块）	Ⅰ 型	$15''$	$15°, 15°0'15'', 15°0'30'', 15°0'45'', 15°1'$	5	0
	Ⅱ 型	—	$89°59'30''—90°0'15''—89°59'45''—90°0'30'',$ $90°—90°—90°—90°$	2	

2. 角度量块的角度组合

两块角度量块的工作面接触后稍加压力，使其做切向的相对滑动，两块角度量块就研合成一个组合体。为了方便使用，把研合成一体的 2~3 块角度量块用夹持器固定。图 3-25 中的双点画线代表的就是角度块。图 3-25c 中装有金属尺的夹持器固定角度量块后可以测量工作角的补角。组合原则是块数越少越好，用 94 块组时，不要超过 3 块；用 36 块组时，则不多于 5 块。

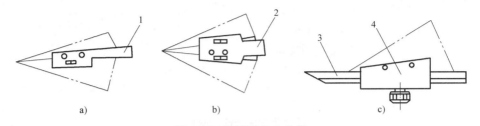

图 3-25　角度量块夹持器
1、2、4—角度量块夹持器　3—金属尺

3. 角度量块使用时的注意事项

1）角度量块按光隙法测量角度值，测量误差不大于 15″。因此，测量时应注意观察比较。

2）用两组角度量块组成最大、最小极限量规，仍用光隙法检测是否合格。

3）角度量块使用中不要损坏各尖角。

4）角度量块使用中的其他注意事项与量块使用中的注意事项相同。

3.4.3　其他量具

1. 标准样板

标准样板通常只适合测量同类工件的标准化部分。常见的标准样板有三种。

（1）螺纹样板　螺纹样板可检验较低精度螺纹工件的螺距。它也可用来区分工件螺距尺寸和牙型角，如图 3-26 所示。使用时，先选一片样板在螺纹工件上试卡，如果样板牙型与工件牙型表面不密合，则再重新选一片试卡，直到密合为止，这时样板上标记的尺寸就是被测螺纹工件的螺距值。需要注意的是，应尽可能利用被检验螺纹的工作部分长度，这样才能得到比较准确的检验结果。

（2）半径样板　用于检验凸形和凹形圆弧半径，如图 3-27 所示。

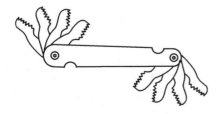

图 3-26　螺纹样板

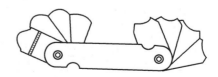

图 3-27　半径样板

半径样板共有 3 组，各有不同的检验半径尺寸范围。每组都有 32 片样板，其中凸形样板和凹形样板各有 16 片。

　　检验工件圆弧半径时，要依次选用不同半径尺寸的样板，把样板放在圆弧表面处进行检验。检验时样板应垂直于工件表面，位置不要倾斜，当样板与工件圆弧表面密合一致（用光隙法检验）时，这片样板的尺寸就是被测圆弧表面的半径尺寸。

　　（3）表面粗糙度样板　采用特定合金材料和加工方法，具有不同的表面粗糙度参数值，通过触觉和视觉与其所表征的材质和加工方法相同的被测件表面进行比较，以确定被测件表面粗糙度的直接比较测量器具，称为表面粗糙度样板，如图 3-28 所示。

　　检验时，从样板盒中选择适当表面粗糙度等级的样板与工件表面进行比较。把样板与被测工件表面靠在一起，用眼睛直接进行比较，也可以借助放大镜或低倍率的显微镜进行比较。凭操作者的经验判断工件表面粗糙度值相当

图 3-28　表面粗糙度样板

于样板的哪一级别。一般 Ra 值为 $3.2\sim50\mu m$ 时可直接比较，Ra 值为 $0.4\sim1.6\mu m$ 时用放大镜比较；Ra 值为 $0.025\sim0.20\mu m$ 时用显微镜比较；Ra 值小于 $0.025\mu m$ 时就不要做比较检验了。

　　2. 塞尺

　　塞尺是用来检验结合面之间间隙大小的片状量规。它由不同厚度的金属薄片组成，每个薄片有两个相互平行的测量平面。塞尺长度有 50mm、100mm、200mm 三种，其厚度尺寸较准确，由若干片厚度为 $0.02\sim1mm$（中间每片相隔 0.01mm）或 $0.1\sim1mm$（中间每片相隔 0.05mm）的金属薄片组成一套（组），叠合在夹板里，如图 3-29 所示。

　　使用塞尺测量时，根据间隙的大小，可用一片或数片重叠在一起插入间隙内，并应在结合面的全长上多处检查，取其最大值，即为两结合面的最大间隙量。测量时不能用力太大；塞尺用完后要擦净其测量面，及时合到夹板中去，以免损伤各金属薄片。

　　3. 直角尺

　　如图 3-30a 所示，直角尺在划线时常用作划平行线（图 3-30b）或垂直线（图 3-30c）的导向工具，还可用来找正工件在划线平台上的垂直度。

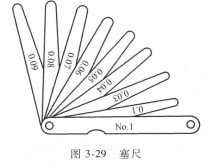

图 3-29　塞尺

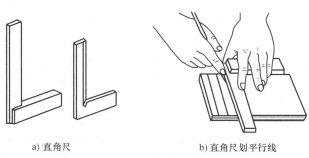
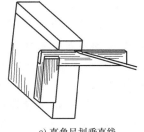

a) 直角尺　　　　　　　　b) 直角尺划平行线　　　　　　　c) 直角尺划垂直线

图 3-30　直角尺及其使用

　　使用前，应将直角尺工作面和被检测工件表面擦净，检查确定各工作面和边缘无损伤后方可使用。将直角尺放在被测工件的表面上，其位置不能歪斜。用光隙法鉴别被测工件的垂

直度。

4. 水平仪

（1）水平仪的用途和种类　水平仪是一种测量小角度的量具，主要用于检验平面对水平面或铅垂面的位置偏差（直线度误差），是机械设备安装、调试和精度检验中的重要精密量具。按其结构可分为钳工水平仪和框式水平仪，如图 3-31 所示。

（2）水平仪的结构及读数原理　钳工水平仪上带 V 形槽的底平面是工作面，如图 3-31a 所示。框式水平仪的四个面都是工作面，其中带 V 形槽且有水准器的是主工作面，无水准器的是侧工作面，如图 3-31b 所示。常用的是 200mm×200mm，分度值为 0.02mm/1000mm 的框式水平仪。

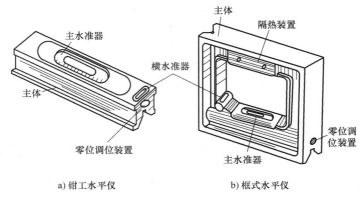

a) 钳工水平仪　　　　　　b) 框式水平仪

图 3-31　水平仪

主水准器的精度较高，用于测量与读数。它是一个密封的玻璃管，轴向剖面的内表面是具有一定曲率半径的圆弧面，玻璃管内装有乙醚或酒精液体，留有一个气泡，称为主水准气泡。水平仪放在水平面上，水准器内的液体呈水平状态。水准气泡停留在玻璃管内圆弧面最高处，即玻璃管外刻度间距为 2mm 的刻线中央。水平仪放在倾斜面上，管内液体流向低处，达到一个新的水平状态。水准气泡移向高处，根据移动的方向和格数（即刻线数）可以读出倾斜角度值。

水平仪的读数是以气泡偏移一格表面所倾斜的角度，或者气泡偏移一格表面在 1m 内倾斜的高度差来表示的。

（3）水平仪的使用方法　测量前应仔细擦净表面，并检查被测表面有无毛刺，发现毛刺可用油石打磨。将水平仪放在水平面上，若气泡不居中，则操作零位调整装置使气泡居中归零。零位调整时，要注意气泡两端边缘是相切还是靠近刻线（因为各水平仪的气泡长度不同），可将水平仪放在被测面上，第 1 次取得读数后，调转 180°，第 2 次取得读数，按两次读数代数差的 1/2 进行零位调整，使水平仪零位正确。

测量时要保持横水准器的气泡居中，水平仪的工作面要紧贴被测量表面，不应对准气泡呼吸或用手擦摸气泡，尽量避免过冷和过热，也不允许有任何的撞击。根据被测量精度的要求，选用合适的水平仪。因为水平仪精度越高，稳定气泡的时间越长，成本也越高，所以需要精心维护。

若水平仪的分度值为 0.02mm/1000mm，其意义是水准气泡移动一格所反映的倾斜角 φ，如图 3-32 所示，其计算式为

$$\varphi = \arcsin \frac{0.02}{1000} = 4.25'' \approx 4''$$

若把 0.02mm/1000mm 的水平仪放在 1000mm 长的直尺上，把直尺一端垫高 0.02mm，即相当水平仪回转角度 $\varphi = 4''$，这时水平仪气泡便移动一格，如图 3-33 所示。如果水平仪放在 200mm 长的垫板即桥板上，其一端垫高 0.004mm，则水平仪回转的角度同样为 $\varphi = 4''$，此时气泡也移动一格。

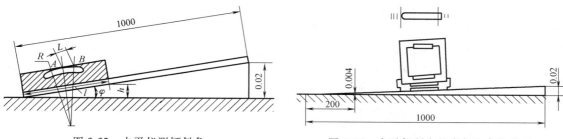

图 3-32　水平仪测倾斜角　　　　　　　图 3-33　水平仪所在长度与垫高的关系

在实际操作中，为减少水平仪测量面的磨损，不可在被测表面上拖动水平仪，最好将水平仪放置在特制的桥板上使用。常用的桥板形状如图 3-34 所示。

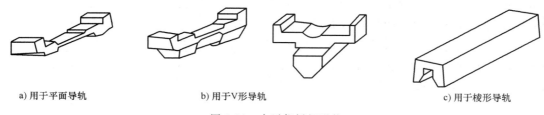

a) 用于平面导轨　　　　　b) 用于V形导轨　　　　　　c) 用于棱形导轨

图 3-34　水平仪桥板形状

若水平仪工作面所在桥板的中心距长度为 L，倾斜面的高度差为 h，则有

$$h = \frac{0.02}{1000} NL = KNL$$

式中　N——水准气泡移动格数；

　　　L——水平仪工作面所在桥板的中心距长度，单位为 mm；

　　　K——水平仪的分度值（0.02mm/1000mm）。

当框式水平仪工作面的长度为 200mm 时，水准气泡移动 1 格时水平两端的高度差 h 为

$$h = KNL = \frac{0.02}{1000} \times 1 \times 200 \text{mm} = 0.004 \text{mm}$$

例如，将一分度值为 0.02mm/1000mm 的水平仪放在长度为 800mm 的直尺上，要使水平仪气泡移动一格，在直尺一端应垫多大的厚度？

解：
$$h = \frac{0.02}{1000} NL = \frac{0.02}{1000} \times 800 \times 1 \text{mm} = 0.016 \text{mm}$$

读水准气泡的方法：测量时，要等气泡稳定后再读数。零位调整时，要注意气泡两端边缘是相切还是靠近刻线（因为各个水平仪的气泡长度不同）。读数时，一定要按零位的气泡两端状态（相切或靠近刻线）进行，才能保证精度。

测量垂直度：一般用框式水平仪测量垂直度。测量时，将主工作面放在基准面上（工件的水平面），若基准面倾斜，则用主水准器测出倾斜角度值，且以此作为测量垂直度的零点。把侧工作面贴紧被测表面，从主水准器上读出垂直度误差值。

（4）水平仪的维护保养　测量前将水平仪、被测工件测量面上的油脂除去，擦去脏物，揩拭干净（必要时使用航空汽油擦洗），以免影响测量精度。测量工作结束时，要擦去水平仪上的手迹、污迹，涂上一层薄薄的防锈油脂，放入专用盒子或放在指定的位置上。

放置水平仪时必须注意保护，应将水平仪放置在平坦、稳定、可靠的地方，不要与刀具堆放在一起，以免损伤水平仪测量面。测量过程中，不要将水平仪放在有振动、有磁性的机床上，以免其被振动落地或被磁化。

测量时注意温度的影响，被测工件与水平仪的温度应相同，否则会带来测量误差。水平仪不能放在电炉等热源附近，以免产生变形而失去精度。

水平仪要定期检定，以保证准确度。水平仪出现问题时，不能自行检修。

5. 刀口形直尺

刀口形直尺用于测量平面度和直线度，使用方法如图 3-35 所示。

6. 塞规

塞规及其使用方法如图 3-36 所示。它有两个测量端，尺寸小的一端在测量工件的孔或内表面尺寸时应能通过，称为通规，通规尺寸是按被测工件的下极限尺寸来做的。尺寸大的一端在测量时应不能通过工件的孔或内表面，称为止规，止规的尺寸是按被测工件的上极限尺寸来做的，如图 3-37 所示。

用塞规检验工件时，如果通规通过，止规不能通过，则说明该工件的尺寸在允许的误差范围内，此工件是合格的；否则，就不合格。

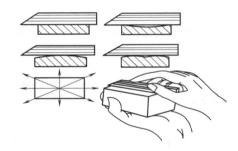

图 3-35　刀口形直尺的使用方法

测量大尺寸的塞规，为了减轻其质量和方便使用，可制成扁平式，如图 3-38 所示。

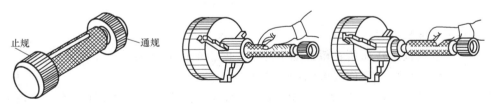

图 3-36　塞规及其使用方法

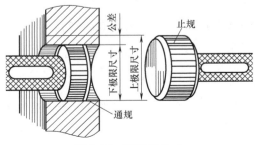

图 3-37　塞规的尺寸

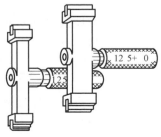

图 3-38　扁平式塞规

使用塞规时的注意事项如下：

1）测量前应将专用量具的测量面和工件的被测量面擦净，以免影响测量精度和加快量具的磨损。

2）在使用过程中，不要将量具和工具、刀具放在一起，以免碰坏。

3）机床开动时，不要用量具测量工件，否则会加快量具磨损，而且容易发生事故。

4）温度对量具精度影响较大，因此，量具不应放在热源（电炉、暖气片等）附近，以免受热变形而影响精度。

5）量具用毕，应及时擦净、涂油，放在专用盒中，保存在干燥处，以免生锈。

6）量具应定期检查、检定和保养。

3.5 测量的基本方法

1. 直接测量和间接测量

广义的测量方法是指测量时所采用的测量器具和测量条件的综合。根据所测的几何量是否为要求被测的几何量，测量方法可分为以下两种。

（1）直接测量 直接用量具和量仪测出零件被测几何量值的方法称为直接测量。例如，用游标卡尺或比较仪直接测量轴的直径。

（2）间接测量 通过测量与被测尺寸有一定函数关系的其他尺寸，然后通过计算获得被测尺寸测量值的方法称为间接测量。

例如，对于图3-39所示零件，显然无法直接测出中心距 L，但可通过测量 ϕ_1、ϕ_2 和 L_1（或 L_2）的值，并根据关系式进行计算，间接得到 L 的值。间接测量法存在着基准不重合误差，故仅在不能或不宜采用直接测量的场合使用。

解： $L = L_1 - \dfrac{\phi_1 + \phi_2}{2}\left(\text{或 } L = L_2 + \dfrac{\phi_1 + \phi_2}{2}\right)$

2. 绝对测量和相对测量

根据被测量值是直接由计量器具的读数装置获得，还是通过对某个标准值的偏差值计算得到，测量方法可分为以下两种。

（1）绝对测量 测量时，被测量的全值可以直接从计量器具的读数装置获得。例如，用游标卡尺或测长仪测量轴颈直径。

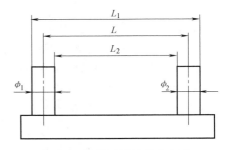

图 3-39 间接测量的基本方法

（2）相对测量（又称为比较测量或微差测量） 将被测量与同它只有微小差别的已知同种量（一般为标准量）相比较，通过测量这两个量值间的差值来确定被测量值。例如，用机械式比较仪测量轴颈直径，测量时先用量块调整零位，再将轴颈放在工作台上测量。此时，指示出的示值为被测轴颈相对于量块尺寸的微差，即轴颈的尺寸等于量块的尺寸与微差的代数和（微差可以为正或为负）。

第4章

钳工操作基本技能训练

【本章主要知识点】

1）划线分为平面划线、立体划线和综合划线三种方式；划线方法的应用。

2）安装锯条时应使锯齿向前；起锯的方法：远起锯和近起锯；锯削的基本操作步骤和操作技能。

3）锤子的握法分紧握法和松握法两种。

4）錾削的基本操作技能。

5）锉刀是用碳素工具钢 T12 或 T13 经热处理后，再将工作部分淬火制成的。平面锉削是最基本的锉削类型，常用的有三种锉削方式：顺向锉、推锉、交叉锉；曲面锉削有外圆弧面锉削和内圆弧面锉削两种。锉削的基本操作步骤和操作技能。

6）在钳工工艺里，孔加工主要指钻孔、扩孔、铰孔、锪孔。

7）麻花钻主要由工作部分、颈部和柄部组成，标准麻花钻的切削部分由两条主切削刃、两条副切削刃、一条横刃和两个前刀面、两个后刀面、两个副后刀面组成。

8）标准麻花钻的刃磨要求：顶角 2ϕ 为 $118°±2°$；外缘处的后角 α_f 为 $10°\sim14°$。

9）孔加工切削三要素（切削速度、进给量、背吃刀量）的选用。

10）攻螺纹和套螺纹的基本操作技能。

11）用刮刀在加工过的工件表面上刮去微量金属，以提高表面形状精度，改善配合表面间接触状况的加工方法称为刮削。刮削方法：手刮法、挺刮法。

12）用 $25mm×25mm$ 的正方形方框罩在被检查面上，根据方框内的研磨点来确定接触精度，研磨点数越多、研磨点越小，其刮削质量越好。

13）研磨、弯曲和校正的基本方法和操作技能。

4.1 划线加工

根据图样和技术要求，在毛坯或半成品上用划线工具划出加工界线，或划出作为基准的点、线的操作过程称为划线。划线是机械加工中的一道重要工序，广泛用于单件或小批量生产。

4.1.1 划线的作用

零件在加工前进行划线操作的目的如下：

1）确定工件上各加工面的加工位置和加工余量，以使加工有明确的加工标志，便于指导加工。

2）为便于复杂工件在机床上的装夹，可按划线找正确定位置。

3）及时发现和处理不符合图样要求的毛坯。

4）在板料上合理排料，可以节省材料，降低成本。

4.1.2 划线的分类

划线分为平面划线、立体划线和综合划线三种方式。

（1）平面划线 只需在工件的一个平面上划线，即能明确表示出工件的加工界线的操作称为平面划线，如图4-1a所示。平面划线方法与机械制图相似，通常用于薄板料及回转零件端面的划线。

（2）立体划线 需要在工件的几个不同方向（一般为互相垂直）的表面上划线，才能明确表示出工件的加工界线的操作称为立体划线，如图4-1b所示。立体划线适用于支架类零件或箱体类零件的划线。工件的立体划线通常在划线平台上进行。划线时，工件多用千斤顶来支承，也可用方箱、V形块等支承。

（3）综合划线 综合划线是既有平面划线又有立体划线的划线方式。

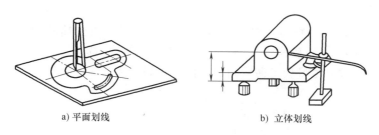

a) 平面划线   b) 立体划线

图4-1 平面划线和立体划线

4.1.3 划线的要求

1）采用合理的定位及找正方法，正确运用划线工具，保证所划尺寸的准确性。由于划出的线条总有一定的宽度，以及在使用划线工具和测量调整尺寸时难免产生误差，所以所划出的线条不可能绝对准确，划线精度一般能达到 0.25~0.5mm。

2）正确使用划线工具，使划出的线条清晰均匀。

3）立体划线应保证所划线条在长、宽、高三个方向上互相垂直。

4.1.4 划线基准及其选择

通过认真分析零件图，在毛坯零件上选择一个或几个几何要素（线或面）作为划线的依据（划线的起始位置），从而更准确、快捷地划出被加工零件上其他几何要素（线或面）的加工位置线，这样的线或面称为划线基准。划线时，应从划线基准开始。合理选择划线基准，是提高划线质量和效率的关键。在选择划线基准时，力求使划线基准与零件的设计基准保持一致，如选择主要孔的中心线或中心平面作为划线基准。

1. 平面划线时划线基准的选择

1）以两条互相垂直的边为划线基准。

2）以一条边和一条中心线为划线基准。

3）以两条互相垂直的中心线为划线基准。

2. 立体划线时划线基准的选择

1）以两个互相垂直的平面（已加工）为划线基准。

2）以一个已加工面和一个假想中心平面为划线基准。

3）以两个相互垂直的假想中心平面为划线基准。

4.1.5 划线的准备工作和步骤

1. 划线前的准备工作

（1）工件的清理、检查　对工件表面上的飞边、污垢等进行仔细清理后涂色；若需要在已加工表面上划线，一般只需用锉刀清除尖角、毛刺即可。

（2）工具准备　按工件图样的要求选择所需工具，并检查和校验工具。

（3）工件的涂色

1）在各类型钢上划线时可用石灰水、白漆做涂料，也可在需要划线的部位用粉笔或石笔涂抹。

2）已加工过的表面划线前一般涂划线蓝油，配制划线用蓝油的比例为：甲紫（俗称"龙胆紫"）占 2%～4%，虫胶漆占 3%～5%，酒精占 91%～95%。

3）工件在涂色时要尽量涂得薄而均匀，保证所划线条清晰，涂得太厚容易剥落。

2. 划线步骤

1）详细研究图样，确定划线基准。

2）清理毛坯表面，涂以适当的涂料。

3）正确选用划线工具。

4）按图样技术要求划线。

5）划完线应仔细检查有无差错。

6）确定划线准确无误后，方可在线上打样冲眼。

4.2 锯削加工

用手锯对材料或工件进行切断或切槽的操作称为锯削。锯削具有操作方便、简单和灵活的特点，在单件小批量生产、临时工地以及锯削异形工件、开槽、修槽等场合应用广泛。

4.2.1 锯削操作

锯削工具主要是手锯和锯条。

1. 锯条的安装

1）根据工件材料及厚度选择合适的锯条。粗齿锯条适合锯削软材料、较大表面及厚材料；细齿锯条适合锯削硬材料及管子或薄材料。对于硬材料，一方面由于锯齿不易切入材料，切屑少，不需大的容屑空间。另一方面，由于细齿锯条的锯齿较密，能使更多的齿同时参与锯削，使每齿的锯削量小，容易实现切削。对于薄板或管子，主要是为防止锯齿被钩住而导致锯条折断。

锯齿的粗细由锯条上每 25mm 长度内的齿数表示：14～18 齿为粗齿，24 齿为中齿，32 齿为细齿。锯齿的粗细也可按齿距 t 的大小分类：粗齿（$t=1.6mm$），中齿（$t=1.2mm$），细齿（$t=0.8mm$）。

2）可调式锯弓的可调锯弓架必须放入固定锯弓架的内方槽中，即可调锯弓架与固定锯弓架的顶面应在一条直线上。

3）安装方向。手锯向前推时进行切割，向后返回时不起切削作用，因此，安装锯条时应使锯齿向前。图 4-2a 所示是锯条的正确安装方向，图 4-2b 所示是锯条的错误安装方向，锯条装反后，不仅不起切削作用，而且锯齿将很快磨损。

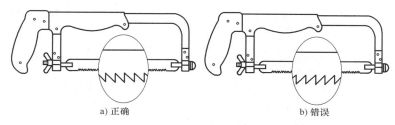

a) 正确　　　　　　　　　　　　　b) 错误

图 4-2　锯条的安装示意图

4）锯条安装的松紧度。将锯条安装在锯弓中，通过调节翼形螺母可调整锯条的松紧程度。锯条的松紧程度要适当。锯条装得太紧，会使锯条受张力太大，失去应有的弹性，以至于在工作时稍有卡阻，便会因弯曲而折断。如果装得太松，则锯条在工作时易扭曲摆动，同样容易折断，且锯缝易发生歪斜。根据经验，用力旋紧锯条后，用手指左右扳动锯条，有轻微转动量但无晃动量时松紧度较为合适。调节好的锯条应与锯弓在同一中心平面内，以保证锯缝正直，防止锯条折断。

2. 锯削时工件的夹持

工件一般被夹持在台虎钳的左侧，以方便操作。工件的伸出端应尽量短，工件的锯削线应尽量靠近钳口，从而防止工件在锯削过程中产生振动。工件要牢固地夹持在台虎钳上，防止锯削时工件移动而导致锯条折断。但对于薄壁、管子及已加工表面，要防止夹持得太紧而使工件或表面变形。夹持要点为：

1）工件应尽可能夹在台虎钳左边，锯削线与钳口平行，距钳口 5～10mm。

2）工件高度方向伸出要短，否则锯削时会颤动，甚至折断锯条。

3）工件必须夹牢靠，防止锯削时因工件移位造成锯条折断。

4）锯削管料和软金属，特别是夹持已加工的工件表面时，应使用软垫块以免夹坏工件。

3. 锯削操作动作要领

（1）锯弓的握法　右手握稳锯柄，左手轻扶在锯弓架的弯头处，拇指压在锯弓背上，其余四指扣住锯弓前端。锯弓的运动和锯削的压力及推力主要由右手控制，左手协助扶持手锯，如图 4-3 所示。

（2）锯削站立位置　正确的锯削姿势能减轻疲劳，提高工作效率。夹持工件的台虎钳高度要适合锯削时的用力需要（图4-4），即从操作者的下颚到钳口的距离以一拳一肘的高度为宜。锯削时操作者站在台虎钳纵向中心线左侧，身体偏转约45°，左脚向前跨小半步，重心偏于右脚，两脚自然站稳，视线落在工件的锯削线上。

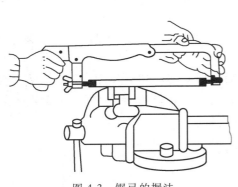

图4-3　锯弓的握法

图4-4　台虎钳高度

（3）起锯方法　起锯是锯削操作过程的第一步，起锯质量的好坏直接影响锯削质量。为了平稳地起锯，应以左手拇指靠住锯条，使之在所需的位置上起锯（注意：根据所划锯削加工界线，明确哪部分是要保留的待加工工件，以免造成工件报废）。刚起锯时压力要小，往复行程要短，当锯到槽深2~3mm时，放开靠锯条的手，将锯弓改至水平方向正常锯削。

起锯分远起锯和近起锯两种。

1）远起锯。从工件远离自己的一端起锯，便于观察锯削线，而且由于锯齿是逐步切入工件的，能防止锯齿被工件棱边卡住而崩齿。远起锯是通常采用的一种起锯方法。

2）近起锯。从工件靠近自己的一端起锯，此法若掌握不好，锯齿会一下子切入较深，而易被棱边卡住，使锯条崩裂。

无论采用哪一种起锯方法，起锯角度θ都应小些，一般θ不大于15°（图4-5a）；若起锯角度太大，则锯齿会勾住工件的棱边而产生崩齿（图4-5b）；起锯角度太小或平锯时，则会因同时与工件接触的齿数多而不易切入材料，锯条还可能打滑而拉毛工件表面，影响工件表面质量（图4-5c）。为了使起锯平稳，位置准确，可用左手大拇指确定锯条位置（图4-5d）。起锯时要做到压力小，行程短。

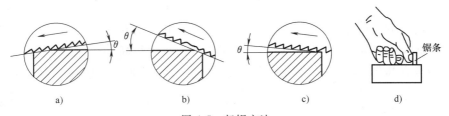

图4-5　起锯方法

4. 锯削操作过程

锯削时右腿伸直，左腿弯曲，两脚站稳不动，靠左膝的屈伸使身体做往复摆动。起锯时，身体稍向前倾，与竖直方向约成10°角左右，此时右肘尽量向后收（图4-6a），随着推锯的行程增大，身体逐渐向前倾斜（图4-6b）。行程达2/3时，身体倾斜约18°角左右，左、右臂均向前伸出（图4-6c）。当锯削最后1/3行程时，用手腕推进锯弓，身体随着锯的反作用力退回到15°角位置（图4-6d）。锯削行程结束后，左手把锯弓略微抬起一些，让锯条在工件上轻轻滑过，待身体回到初始位置，再准备第二次往复操作。

锯削时，不要仅使用锯条的中间部分，应尽量在全长度范围内使用。为避免局部磨损，一般应使锯条的行程不小于锯条长度的2/3，以延长锯条的使用寿命。

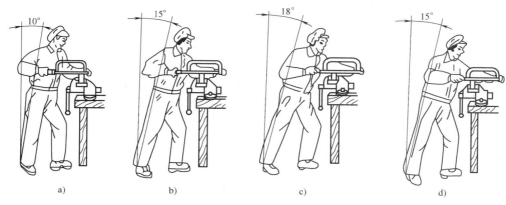

图4-6　锯削操作过程

5. 常用锯削形式

（1）直线往复式锯削　不论是推锯前行还是收锯回程，左、右手始终控制锯弓做直线往复运动，称为直线往复式锯削。采用直线往复式锯削能最大限度地减小锯弓的左右摆动，不但易获得较为平直的锯缝，而且锯槽时可使槽底较为平直。这种锯削形式适用于薄形工件和直槽。

（2）小幅度摆动式锯削　向前推锯时，前手臂上提，后手臂下压；收锯回程时，后手臂上提，前手臂向下，使锯弓形成小幅度摆动。与直线往复式锯削相比，采用此法长时间锯削时操作的疲劳度较小。但前、后手臂的上下摆动容易使锯弓产生一定量的左右晃动，从而影响锯削面的平直度，另外，锯槽时，槽底将成圆弧状。

6. 锯削力的控制

手工锯削时，操作者控制手锯对工件材料施加的作用力包含了推锯力（锯削推力）和压锯力（锯削压力）。锯削的施力原则是在保证适中的锯削压力的基础上，达到推锯平稳、顺畅、无卡涩的效果。

1）向前推锯时，锯齿处于切削状态；向后拉锯（回程）时，锯齿则不起切削作用。故向前推锯时，操作者应施加锯削压力；回程时，应轻微向上提锯，不应再施加压力，否则会加剧锯条的磨损。

2）操作者应根据被加工材料的硬度合理选择锯削压力，锯削软材料（如铜、铝、低碳钢等）时可施加较小的压力，以防止切入过深而出现咬住现象；锯削硬材料（如高碳钢、铸铁等）时，因不易切入，应施加较大压力，以防止打滑。

3）为保证锯削的平稳性和安全性以及减少锯齿的磨损，应根据实际锯削状况适当调整锯削压力。锯削过程中，若锯削费力，应及时分析原因；若锯齿齿尖磨损，应及时减小压力或更换锯条；若工件材质内部出现杂质硬点，应减小压力或更换为细齿锯条；工件快锯断时，应减小压力。

7. 锯削方向的控制

按锯削线锯削，获得平直锯缝，是保证锯削质量的基本要求。锯削时必须较好地控制锯削方向。

1）经常观察锯缝是否偏离锯削线，若有偏离趋势，应尽快纠正。

2）工件在安装时，锯削线与钳口是平行的，锯削时可以钳口边缘线为参考线，即锯削过程中应尽量保持锯削的行进方向始终和钳口边缘线平行。

3）尽量保持锯弓不要左右晃动。

8. 锯削速度和锯削行程

锯削速度以 20~40 次/min 为宜，速度过快，锯条发热容易磨损，过慢则直接影响效率。锯削软材料时可快些，锯削硬材料时要慢一些。必要时可用切削液对锯条进行冷却和润滑。

9. 锯缝歪斜的原因及纠正

（1）锯缝歪斜的原因　工件安装时，锯缝线方向未能与铅垂线方向一致；锯条安装得太松或与锯弓平面扭曲；使用了锯齿两面磨损不均的锯条；锯削压力过大，使锯条左右偏摆；锯弓未放正或用力歪斜，使锯条偏离锯缝。

（2）锯缝歪斜的纠正　将锯弓上部向歪斜同方向偏斜；轻加压力向下锯削；利用锯缝宽度大于锯背厚度的锯路现象将锯缝纠正过来，待锯缝回到正确的位置上以后，要及时将锯弓扶正，按正常的方法进行锯削。

4.2.2　工件的锯削方法

1. 棒料的锯削

锯削棒料时，如果要求锯出的断面比较平整，则应从一个方向起锯直到结束，称为一次起锯。若对断面的要求不高，为减小切削阻力和摩擦力，可以在锯入一定深度后再将棒料转过一定角度重新起锯。如此反复几次从不同方向锯削，最后锯断，称为多次起锯（图4-7）。多次起锯较省力。

2. 管子的锯削

锯削薄管时，应使用两块木制 V 形或弧形槽垫块夹持，以防夹扁管子或夹坏表面，如图 4-8 所示。锯削时不能仅从一个方向起锯，否则会因管壁易钩住锯齿而使锯条折断。正确的锯法是每个方向只锯到管子的内壁处，然后把管子转过一定

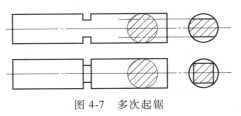

图 4-7　多次起锯

角度再起锯，且仍锯到内壁处，逐次进行直至锯断。在转动管子时，应使已锯部分向推锯方向转动，否则锯齿也会被管壁钩住，如图 4-9 所示。

3. 薄板料的锯削

锯削薄板料时，可将薄板夹在两木垫或金属垫之间，连同木垫或金属垫一起锯削，这样既可避免锯齿被钩住，又可增加薄板的刚性，如图 4-10 所示。若将薄板料夹在台虎钳上，用手锯做横向斜推，如图 4-11 所示，则能使同时参与锯削的齿数增加，避免锯齿被钩住，同时能增加工件的刚性。

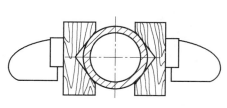

图 4-8　V 形槽垫块夹持管件

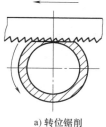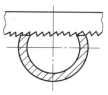

a) 转位锯削　　　b) 不正确的锯削方式

图 4-9　管件的锯削

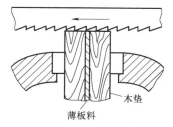

图 4-10　薄板夹持方法

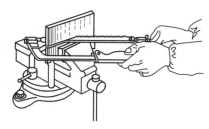

图 4-11　薄板料锯削方法

4. 深缝的锯削

当锯缝深度超过锯弓高度时，称为深缝。在锯弓快要碰到工件时（图 4-12a），应将锯条拆出并转过 90°重新安装（图 4-12b），或把锯条的锯齿朝着锯弓背进行锯削（图 4-12c），使锯弓背不与工件相碰。

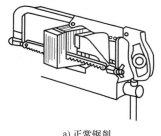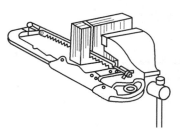

a) 正常锯削　　　　　　b) 转90°安装锯条　　　　　　c) 转180°安装锯条

图 4-12　深缝的锯削

5. 锯削时的注意事项

1）锯条松紧要适当，不能装得过松或过紧。

2）锯削时对手锯的压力不能太大，否则会使锯条折断。

3）锯削过程中发现锯齿崩裂应及时处理，防止继续崩齿。

4）工件快要锯断时，应施加较小的压力，以较低的速度，用左手扶住被锯下部分，右手控制锯弓将被去除部分缓慢锯下，以防锯削压力过大碰伤手臂，也可防止被去除部分坠落砸伤脚。

4.3　錾削加工

用锤子打击錾子对金属工件进行切削加工的方法称为錾削加工。錾削加工主要用于去除毛坯上的凸缘、毛刺，分割材料，錾削平面及油槽等，经常用于不便于机械加工的场合。

4.3.1 錾削工具及其选用

1. 锤子

锤子是用来敲击錾子对工件进行切削加工的一种工具，由锤体和锤把组成。

2. 錾子

錾子一般用碳素工具钢（T7A）锻成，并将切削部分刃磨成楔形，经热处理后使切削部分的硬度达到56~62HRC。常见的錾子有三种：扁錾、尖錾、油槽錾，如图4-13所示。

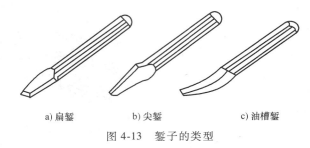

a) 扁錾　　　　　　b) 尖錾　　　　　　c) 油槽錾

图4-13　錾子的类型

（1）扁錾　扁錾的切削部分扁平，切削刃较宽并略带圆弧，其作用是在平面上錾去微小的凸起部分，其切削刃两边的尖角不易损伤平面的其他部位。扁錾用来去除凸缘、毛边和分割材料等。

（2）尖錾　尖錾的切削刃较短，主要用来錾槽和分割曲线形板料。尖錾切削部分的两个侧面从切削刃起向柄部逐渐变得狭小，这样可避免在錾沟槽时錾子的两侧面被卡住，减小錾削阻力和减少錾子侧面的损坏。

（3）油槽錾　油槽錾用来錾削润滑油槽，其切削刃很短，呈圆弧形。为在对开式的滑动轴承孔壁錾削油槽，切削部分呈弯曲的形状。

各种錾子的尾部都有一定的锥度，顶端略带球形，使錾子容易掌握和保持平稳。

4.3.2 錾削操作

1. 锤子的握法

锤子的握法分紧握法和松握法两种，如图4-14所示。

（1）紧握法　用右手五指紧握锤柄，大拇指合在食指上，虎口对准锤头方向，木柄尾端露出约15~30mm。在挥锤和锤击过程中，五指始终紧握。

（2）松握法　只用大拇指和食指始终紧握锤柄，在挥锤时，小拇指、无名指、中指则依次放松；在锤击时，以相反的次序收拢握紧。松握法的优点是锤击力大。

2. 錾子的握法

（1）正握法　手心向下，用中指、无名指握住錾子，小拇指自然合拢，食指和大拇指自然伸直地松靠，錾子头部伸出不宜过长，一般为10~15mm，如图4-15a所示。

（2）反握法　手心向上，手指自然捏住錾子，手心悬空，如图4-15b所示。反握法适用于少量平面或侧面的錾削。

（3）立握法　虎口向上，拇指放在錾子一侧，其余四指放在另一侧捏住錾子，如图

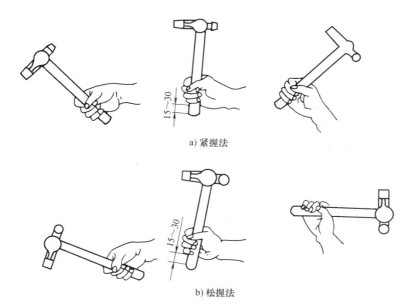

a) 紧握法

b) 松握法

图 4-14 锤子的握法

4-15c所示。立握法适合垂直錾切工件，如在铁砧上斩断材料。

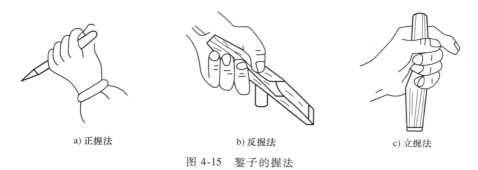

a) 正握法   b) 反握法   c) 立握法

图 4-15 錾子的握法

3. 錾削姿势

錾削时，两脚互成一定角度，左脚跨前半步，右脚稍微朝后，身体自然站立，重心偏于右脚。右脚要站稳，右腿伸直，左腿膝盖关节应稍微自然弯曲，眼睛注视錾削处。左手握錾，使其在工件上保持正确的角度，右手挥锤，使锤头沿弧线运动，进行敲击，如图4-16所示。

4. 錾子的使用方法

錾削时，眼睛应注视工件的錾削部位及錾刃，不可看锤子或錾柄尾端。应从肩部出锤，且保证出锤力量一致。挥锤时手臂放松，学会使用腕力。錾子与工件之间的夹角要适度，錾子倾斜角度过大，錾削切入就会过深，不容易錾削；倾斜角度太小，则会出现吃料浅或无法切入的问题，錾子

图 4-16 錾削时的姿势

容易滑脱，如图4-17所示。

5. 錾削方法

錾削加工时，不管什么形状的工件，起錾和錾削到尽头的操作方法对錾削质量都有很大影响。

（1）面的錾削　錾削平面时，主要使用扁錾。开始錾削时，应从工件侧面的尖角处轻轻地起錾；起錾后，再把錾子逐渐移向中间，使錾子的刃口与工件平行为止，切削刃的全宽参

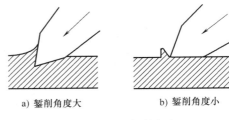

a) 錾削角度大　　　　b) 錾削角度小

图4-17　錾削角度

与切削。錾削较宽平面时，先用窄錾在工件上錾若干条平行槽，再用扁錾将剩余部分錾去，如图4-18所示。錾削较窄平面时，应使切削刃与錾削方向倾斜一定角度。当錾削到尽头时，必须停止錾削，然后掉头錾去余下的部分，特别是錾削铸铁、青铜等脆性材料时更应如此，以防止尽头处材料崩裂，如图4-19所示。

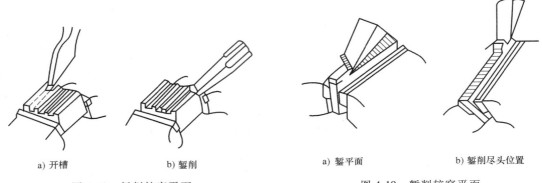

a) 开槽　　　　　　　b) 錾削　　　　　　　　a) 錾平面　　　　　　b) 錾削尽头位置

图4-18　錾削较宽平面　　　　　　　　　　图4-19　錾削较窄平面

（2）槽的錾削　錾削油槽前，首先要根据油槽的断面形状对油槽錾的切削部分进行准确的刃磨。再在表面准确划线，可按油槽的宽度划两条线，也可只划一条中心线。最后一次錾削成形，也可以先錾出浅痕，再一次錾削成形，如图4-20所示。錾削中发现錾削方向开始偏离要求或槽深发生变化等倾向时，必须及时加以纠正。錾削油槽时不允许从边缘尖角处起錾，此时錾子刃口应贴住工件，錾子头部向下约30°，轻轻敲打錾子，待錾出一个小斜面后再开始錾削。

6. 錾削注意事项

1）锤头松动、锤柄有裂纹、锤子无楔时不能使用，以免锤头飞出伤人。

2）握锤的手不准戴手套，锤柄不应带油，以免锤子飞脱伤人。

3）錾削工作台周围应装有安全网，以防止錾削的飞屑伤人。

图4-20　錾削油槽

4）錾削脆性金属时，操作者应戴上防护眼镜，以免碎屑崩伤眼睛。

5）及时磨掉錾子头部的毛刺，以免碎裂扎伤手面。

6）錾削将近终止时，锤击力要轻，以免把工件边缘錾缺而造成废品。

7）保持錾子刃部的锋利，使用过钝的錾子不但工作费力，錾出的表面不平整，而且易产生打滑现象而引起手部划伤的事故。

4.4　锉削加工

用锉刀对工件表面进行切削加工，使工件达到所要求的尺寸、形状和表面粗糙度值的操作称为锉削加工。锉削加工的应用范围很广，可以锉削平面、曲面、外表面、内孔、沟槽和各种形状复杂的表面；还可以配键、做样板、修整个别零件的几何形状等。锉削精度可以达到 0.01mm，表面粗糙度值可达 $Ra0.8\mu m$。锉削是钳工的一项基本操作技能。

4.4.1　锉刀的选用

锉刀是用碳素工具钢 T12 或 T13 经热处理后，再将工作部分淬火制成的。锉刀由锉身（工作部分）和锉柄两部分组成。锉身的上、下面为锉面，是锉刀的主要工作面，在该面上经铣齿或剁齿后形成许多小楔形刀头，称为锉齿，锉齿经热处理淬硬后，硬度可达 62～72HRC，能锉削硬度高的钢材。

锉削之前必须正确地选择锉刀，每种锉刀都有一定的用途，如果选择不当，就不能充分发挥其效能，甚至会使其过早地丧失锉削能力。锉刀的选择主要分为锉刀断面形状的选择和锉刀粗细规格的选择。

1. 锉刀断面形状的选择

锉刀的断面形状应根据被锉削零件的表面形状和长度来选择，使两者的形状相适应，如图 4-21 所示。锉削内圆弧面时，要选择半圆锉或圆锉（小直径的工件）；锉削内角表面时，要选择三角锉；锉削内直角表面时，可以选用扁锉或方锉等。选用扁锉锉削内直角表面时，要注意使锉刀没有齿的窄面（光边）靠近内直角的一个面，以免碰伤该直角表面。

2. 锉刀粗细规格的选择

锉刀粗细规格的选择取决于工件材料的性质、加工余量的大小、加工精度和表面粗糙度值的高低。粗锉刀的齿距较大，不易堵塞，一般用于锉削铜、铝等软金属及加工余量大、精度低和表面粗糙度值大的工件；细锉刀用于锉削钢、铸铁以及加工余量小、精度要求高和表面粗糙度值小的工件；油光锉用于最后修光工件表面。

各种粗细规格的锉刀适宜的加工余量和所能达到的加工精度和表面粗糙度值见表 4-1，供选择锉刀粗细规格时参考。

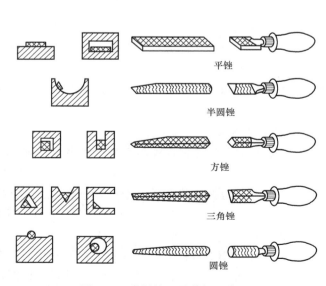

图 4-21　常用锉刀及其加工表面

平锉

半圆锉

方锉

三角锉

圆锉

表 4-1　锉刀粗细的规格选用

锉刀粗细规格	适 用 场 合		
	加工余量/mm	加工精度/mm	表面粗糙度值 Ra/μm
1 号（粗齿锉刀）	0.5～1	0.2～0.5	100～25
2 号（中齿锉刀）	0.2～0.5	0.05～0.2	25～6.3
3 号（细齿锉刀）	0.1～0.3	0.02～0.05	12.5～3.2
4 号（双细齿锉刀）	0.1～0.2	0.01～0.02	6.3～1.6
5 号（油光锉）	0.1 以下	0.01	1.6～0.8

3. 锉刀齿纹的选用

锉刀齿纹要根据被锉削工件材料的性质来选用。锉削铝、铜、软钢等软材料工件时，最好选用单齿纹（铣齿）锉刀。单齿纹锉刀的前角大，楔角小，容屑槽大，切屑不易堵塞，切削刃锋利。

4.4.2　锉削操作

1. 锉刀的装拆

锉刀舌是用来安装锉刀柄的。制造锉刀柄常用木质材料，在锉刀柄的前端有一安装孔，孔的最外围有铁箍。锉刀柄的安装有两种方法：第一种方法，右手握锉刀，左手五指扶住锉刀柄，在台虎钳后面的砧面上用力向下冲击，利用惯性把锉刀舌部装入柄孔内；第二种方法，左手握住锉刀，先把锉刀轻放入柄孔内，然后右手用锤子敲击锉刀柄，使锉刀舌部装入柄孔内。注意：安装时，要保持锉刀的轴线与锉刀柄的轴线一致。

拆卸锉刀柄时，不能硬拔，否则容易出现事故，且不易拔出。通常在台虎钳侧面的上止口，将锉刀平放，锉刀柄水平方向由远至近地加速冲击，当运动至台虎钳止口时锉刀柄被挡住，锉刀在惯性的作用下与锉刀柄分开。注意：拆卸时，锉刀运动方向上不能有人，以免造成伤害。

2. 工件的夹持

锉削时，一般将工件夹持在台虎钳中部，需锉削的表面略高于钳口，但露出不可过高，以防锉削时工件弹动，产生振纹。工件应适度夹紧，装夹过松，锉削时工件被锉削表面位置会发生变化，影响表面质量；装夹过紧，有些开口零件则可能产生变形。已加工过的表面作为被夹持面时，应垫上铜片或铝片，以免将其夹伤。

3. 锉刀的握法

锉刀的正确握法是保证锉削姿势自然协调的前提。锉刀大小不同，其握法也不一样。

（1）大锉刀的握法　右手紧握锉刀柄，柄端抵住手掌心，大拇指放在锉刀柄上部，其余手指由下而上地握着锉刀柄；左手的基本握法是拇指自然屈伸，其余四指弯向手心，与手掌共同把持锉刀前端（或左手掌斜放在锉刀上方，拇指轻压在锉刀的刀尖上，其余四指握住锉刀前端），如图 4-22 所示。

（2）中型锉刀的握法　右手与握大锉刀时相同，左手几个手指捏住锉刀尖端。

（3）小锉刀的握法　右手食指伸直，拇指放在锉刀木柄上面，食指靠在锉刀的刀边，左手几个手指压在锉刀中部，如图 4-23 所示。

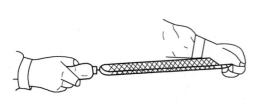

图 4-22　大锉刀的左、右手握法

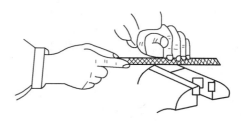

图 4-23　小锉刀的握法

（4）整形锉的握法　一般只用右手拿着锉刀，食指放在锉刀上面，拇指放在锉刀的左侧。

注意：所有握法都要自然放松，肘不要抬得过高。

4. 锉削姿势

正确的锉削姿势能够减轻疲劳，提高锉削质量和效率。锉削姿势与锉刀的大小有关。锉削时站立要自然，左手、锉刀、右手形成的水平直线称为锉削轴线。右脚掌心在锉削轴线上，右脚掌长度方向与轴线成 75°角；左脚略在台虎钳前左下方，与轴线成 30°角；两脚跟之间的距离因人而异，通常为操作者的肩宽；身体平面与轴线成 45°角；身体重心大部分落在左脚，左膝呈弯曲状态，并随锉刀往复运动做相应屈伸，右膝伸直。

5. 锉削动作

锉削时，肩膀自然放松，两腿站稳不动，靠左膝的屈伸使身体做往复运动，手臂和身体的运动要相互配合，并充分利用锉刀的全长。开始时，身体前倾 10°左右，右肘尽量向后收缩。锉刀长度推进前 1/3 行程时，身体前倾 15°左右，左膝弯曲度稍增大。锉刀长度推进中间 1/3 行程时，身体前倾 18°左右，左膝弯曲度稍增大。锉刀推进最后 1/3 行程时，右肘继续推进锉刀，同时利用推进锉刀的反作用力，身体退回到 15°左右。锉刀回程时，将锉刀略微提起退回，同时手和身体恢复到原来的姿势。

锉削时有两个力，一个是推力，一个是压力，其中推力由右手控制，压力由两手控制。锉削时左、右手的用力要随锉刀的前行做动态改变，右手的压力要随锉刀的前行逐步增大，同时左手的压力要逐步减小，当行程达到一半时，两手压力应相等。在锉削过程中，锉刀应始终处于水平状态，回程时不加压力，以减少锉齿的磨损。锉削时利用锉刀的有效长度进行切削加工，不能只用局部段，否则会因局部磨损过重，导致锉刀寿命降低。锉削速度（或频率）一般为 40 次/min 左右，精锉时速度应适当放慢，回程时稍快，动作要自然协调。

4.4.3　平面锉削

平面锉削是最基本的锉削操作，常用的锉削方法有三种，即顺向锉、交叉锉和推锉。

1. 顺向锉

顺向锉是锉刀顺着同一个方向对工件进行锉削的方法，它具有锉纹清晰、美观和表面粗糙度值较小的特点，适用于小平面和最后精锉的场合，如图 4-24 所示。

2. 交叉锉

交叉锉是从两个不同方向交替交叉锉削的方法，如图 4-25 所示。

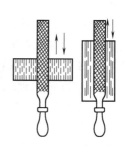

图 4-24　顺向锉

交叉锉可使锉刀与工件的接触面积增大，锉刀运动时容易掌握平稳，能及时显示出高低不平的痕迹，以便把高处锉去，锉削效率高。交叉锉具有锉削平面度误差小的特点，但在工件表面易留下交叉锉纹，表面粗糙度值稍大，一般用于粗锉或半精锉。

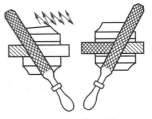

图 4-25　交叉锉

3. 推锉法

推锉法是双手横握锉刀，平稳地沿工件表面来回推动进行锉削的方法。锉削时，两手尽可能靠近工件，减少锉刀左右摆动量，如图 4-26 所示。锉纹同顺向锉，特点是切削量少，降低了表面粗糙度值，但锉削效率较低。推锉法适用于加工余量小、平面相对狭窄和修正尺寸时使用。

锉削过程中要注意，不论采用哪种锉法，都应在整个加工面均匀地锉削，每次回程后再进行锉削时，应向旁边移动一些。

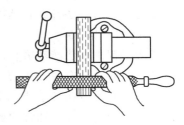

图 4-26　推锉法

4.4.4　曲面锉削

曲面锉削有外圆弧面锉削和内圆弧面锉削两种。外圆弧面用平锉，内圆弧面用半圆锉或圆锉。

1. 外圆弧面锉削

锉削外圆弧面时，锉刀要完成两种运动：前进运动和锉刀围绕工件的转动。锉削外圆弧面有两种锉削方法，如图 4-27 所示。

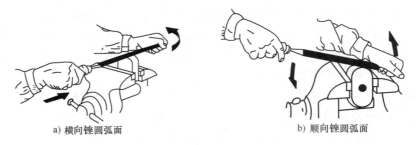

a) 横向锉圆弧面　　　　　　　　　　b) 顺向锉圆弧面

图 4-27　外圆弧面的锉削方法

（1）横向锉圆弧面（图 4-27a）　锉削时，锉刀做直线运动，并不断随圆弧面摆动，依次序把棱角锉掉，使圆弧处基本接近圆弧的多边形，最后用顺锉法把其锉成圆弧。此方法效率高且便于按划线均匀锉近弧线，但只能锉成近似圆弧面的多棱形面，适用于圆弧面的粗加工阶段。

（2）顺向锉圆弧面（图 4-27b）　锉削时，锉刀在向前推的同时，右手把锉刀柄往下压，左手把锉刀尖往上提。这种方法能保证锉出的圆弧面光滑，但锉削位置不宜掌握且效率不高，适用于圆弧面的精加工阶段。

2. 内圆弧面锉削

锉削内圆弧面时锉刀要完成三个运动：前进运动、随圆弧面向左或向右移动、围绕锉刀轴线转动，如图 4-28 所示。只有同时完成以上三个运动，才能使锉刀工作面沿着工件的圆弧做圆弧形滑动锉削，将内圆弧面锉好。

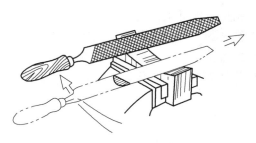

图 4-28　内圆弧面的锉削方法

3. 球面锉削

锉削圆柱形工件端部的球面时，锉刀要以直向和横向两种曲面锉法结合进行，才能有效地获得要求的球面，如图 4-29 所示。

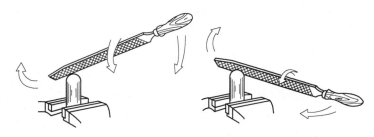

图 4-29　球面的锉削方法

4.4.5　锉削质量检验

1. 平面度误差的检验

锉削好的平面，常用刀口形直尺或钢直尺通过透光法来检验其平面度误差。检查时，刀口形直尺应垂直放在工件表面上，在纵向、横向、对角方向多处逐一进行检验，其最大直线度误差即为该平面的平面度误差。如果刀口形直尺与锉削平面间透光强弱均匀，说明该锉削面较平；反之，则说明该锉削面不平，其误差值可以用塞尺塞入检查。检查过程中，在不同的检查位置应当将刀口形直尺提起后再放下，以免刀口磨损，影响检查精度。

2. 垂直度误差的检验

用直角尺或活动角尺检验加工面与基准面的垂直度误差时，先将直角尺尺座的测量面紧贴工件基准面，然后从上向下轻轻移动，使直角尺尺瞄的测量面与工件的被测面接触。检查时，直角尺不可斜放，目光平视观察其透光情况，以此来判断工件被测面与基准面是否垂直。在同一平面上的不同位置进行检查时，直角尺不可在工件表面上前后移动，以免磨损直角尺而影响其本身的精度。

3. 锉削注意事项

1）锉刀必须装柄使用，以免刺伤手腕，松动的锉刀柄应装紧后再用，不得使用无柄或裂柄的锉刀进行锉削。

2）锉刀堵塞后，应用钢丝刷顺着锉纹方向刷去锉屑，禁止用嘴吹除，防止锉屑飞入眼内。

3）不可用手摸锉刀面和锉削后的工件表面，防止再锉时打滑，造成事故。

4）对铸件上的硬皮或粘砂、锻件上的飞边或毛刺等，应先用砂轮磨去，然后锉削。

5）锉削时锉刀柄不能撞击到工件，以免锉刀柄脱落造成事故。

6）锉刀不能用作橇棒或敲击工件，以防锉刀折断伤人。

7）放置锉刀时，不要使其露出工作台面，以防锉刀跌落伤脚；也不能将锉刀叠放或将锉刀与量具叠放。

4.5 孔加工

在钳工工艺里，孔加工主要指钻孔、扩孔、铰孔、锪孔等。

用钻头在工件上加工孔的操作称为钻孔加工。钻削时的切削运动有主运动和进给运动。钻孔时，钻头装在钻床主轴或者装在与主轴连接的钻夹头上，工件被固定在钻床上不动。因此，钻削运动主要由钻床主轴来实现。其中，钻头随主轴旋转的运动为主运动，钻头随主轴沿钻头直线方向的运动为进给运动，如图4-30所示。

钻削时，钻头处于半封闭的加工环境中，切削余量大，细长的钻头刚性较差，致使加工精度不高。所以钻孔只是孔的一种粗加工方法，对于要求较高的孔，通常由扩孔和铰孔来完成。

4.5.1 钻孔工具

图 4-30 钻削运动
v—主运动 f—进给运动

1. 麻花钻

麻花钻主要由工作部分、颈部和柄部组成，标准麻花钻的切削部分由两条主切削刃、两条副切削刃、一条横刃和两个前刀面、两个后刀面、两个副后刀面组成。麻花钻一般用高速工具钢（W18Cr4V）制成，淬火后硬度为62~68HRC，如图4-31所示。

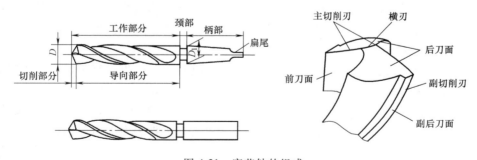

图 4-31 麻花钻的组成

2. 装夹工具

（1）钻夹头 钻夹头是用来夹持尾部为圆柱体钻头的夹具，如图4-32所示。在钻夹头的三个斜孔内装有带螺纹的夹爪，夹爪螺纹和装载夹头套筒的螺纹相啮合。当钥匙上的小锥齿轮带动夹头套上的锥齿轮时，夹头套上的螺纹旋转，从而使夹爪伸出或缩入，用来夹紧或放松钻头。用钻夹头装卸钻头时，应用钥匙，不可用其他工具直接敲击钻夹头套上的锥齿轮，否则易损坏钻夹头。

（2）钻头套　钻头套是用来装夹锥柄钻头的夹具，如图 4-33 所示。根据钻头锥柄莫氏锥度号选用相应的钻头套。当选用较小的钻头钻孔时，用一个钻头套有时不能直接与钻床主轴锥孔相配合，需要将几个钻头套配套使用。

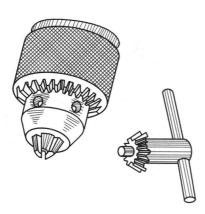

图 4-32　钻夹头

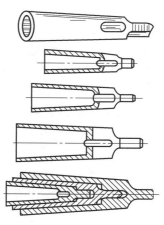

图 4-33　钻头套

3. 台式钻床

台式钻床是一种小型钻床，是钳工常用的钻孔设备。

（1）台式钻床的使用　先停车，后变速，变速操作时，松开紧固螺钉，推动电动机向操作者方向移动，可使 V 带松开，进而改变 V 带在塔式带轮上的位置，达到变速的目的；变速后，必须将电动机向远离操作者的方向推到位，即将 V 带张紧，然后将紧固螺钉拧紧。松开手柄，摇动摇把，钻床头架就能沿立柱上下移动，以调整钻头的高度，调整完毕后必须将手柄锁紧；钻孔时必须使主轴沿顺时针方向转动（即正转）；不允许用钻夹头夹持圆柱形工件进行其他操作，如磨光表面等。

（2）台式钻床的维护　使用过程中，工作台面必须保持清洁；钻通孔时，必须在工件下面垫上垫块，以免钻坏工作台面；作业后要清除机器上的铁屑和杂物，保持清洁；要定期加注润滑油。

4.5.2　钻头的刃磨及检验

1. 标准麻花钻的刃磨要求（图 4-34）

1）顶角 2ϕ 为 $118°±2°$。

2）外缘处的后角 α_f 为 $10°\sim14°$。

3）横刃斜角 θ 为 $50°\sim55°$，且旋转时的径向圆跳动应最小。

4）两主切削刃的长度以及它们和钻头轴线组成的两角要相等。

5）两个主后刀面要刃磨光滑。

2. 标准麻花钻的刃磨

（1）砂轮的选择　一般采用粒度为 $46\sim80$，硬度为中软级（K、L）的氧化铝砂轮为宜。砂轮旋转必须平稳，对跳动量大的砂轮必须进行修整。

（2）操作过程　如图4-35所示，右手握住钻头的头部，左手握住柄部，钻头轴线与砂轮圆柱素线在水平面内的夹角等于钻头顶角 2ϕ 的一半，被刃磨部分的主切削刃处于水平位置。刃磨时，将主切削刃在略高于砂轮水平中心平面处先接触砂轮。右手缓慢地使钻头绕其轴线由下向上转动，同时施加适当的刃磨压力，使整个后刀面都被磨到。左手配合右手缓慢地同步下压，刃磨压力逐渐加大，这样就可磨出后角，其下压的速度及幅度随要求的后角大小而变，为保证钻头近中心处磨出较大后角，还应做适当的右移运动。刃磨时两手动作的配合要协调、自然。按此动作不断反复，两后刀面经常轮换，直至达到刃磨要求。

（3）钻头的冷却　钻头刃磨压力不宜过大，应经常蘸水冷却，防止钻头因过热退火而降低硬度。

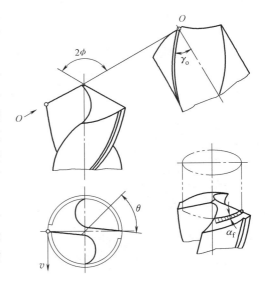

图 4-34　标准麻花钻的刃磨角度

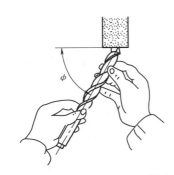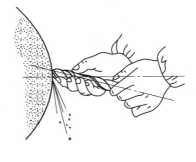

图 4-35　钻头的刃磨

（4）刃磨检验　如图4-36所示，利用检验样板检验钻头的几何角度及两主切削刃的对称等长要求。刃磨过程中常采用的方法为目测法，目测检验时，把钻头切削部分向上竖立，两眼平视，由于两主切削刃一前一后会产生视觉差，往往感到左刃（前刃）高而右刃（后刃）低，所以要旋转180°后反复看几次，如果结果一样，说明已对称。对钻头外缘处的后角要求，可对外缘处靠近刃口部分的后刀面的倾斜情况进行直接目测。对于近中心处的后角要求，可通过控制横刃斜角的合理刃磨角度来保证。

4.5.3　钻孔操作

1. 划线冲眼

根据所学划线知识，按钻孔的位置尺寸要求，划出孔位的十

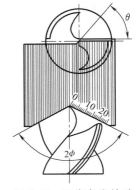

图 4-36　刃磨角度检验

字中心线，并钻中心冲眼，按孔的大小划出孔的圆周线。钻直径较大的孔时，还应划出几个大小不等的检查圆（图4-37a），以便钻孔时检查和借正钻孔位置。若钻孔的位置尺寸要求较高，为了避免敲击中心冲眼时所产生的偏差，也可直接划出以孔中心线为对称中心的几个大小不等的方格（图4-37b）作为钻孔时的检查线。然后将中心冲眼敲大，以便准确落钻定心。

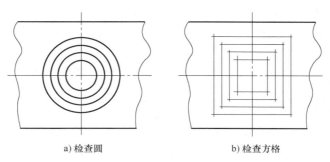

a) 检查圆　　　　　　　　　　　　b) 检查方格

图 4-37　孔位置的检查

2. 工件的装夹

孔加工时，为保证钻孔的质量和安全，应根据工件的不同形状和切削力的大小，采用不同的装夹方法，如图4-38所示。

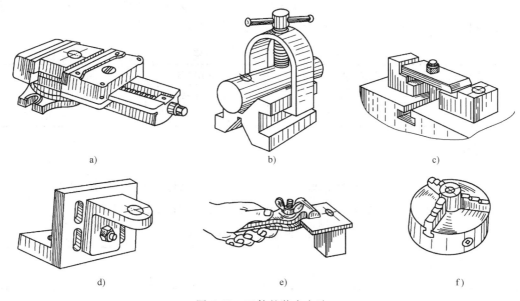

a)　　　　　　　　　　b)　　　　　　　　　　c)

d)　　　　　　　　　　e)　　　　　　　　　　f)

图 4-38　工件的装夹方法

1）外形平整的工件可用平口钳装夹，如图4-38a所示。装夹时，应使工件表面与钻头垂直。钻直径大于8mm的孔时，应用螺栓、压板将平口钳固定。用台虎钳夹持工件钻通孔时，工件底部应垫上垫铁，空出落钻部位，以免钻坏台虎钳。

2）对于圆柱形工件，可用V形铁进行装夹，如图4-38b所示，并保证钻头轴线与V形铁的对称中心平面垂直，避免出现钻孔不对称的现象。

3）加工大工件且钻孔直径在10mm以上时，可用压板夹持的方法进行钻孔，如图4-38c所示。使用压板装夹工件时，压板厚度与锁紧螺栓直径的比例应适当，不要造成压板弯曲变形而影响夹紧力；锁紧螺栓应尽量靠近工件，垫铁高度应略超过工件夹紧表面，以保证对工件有较大的夹紧力，并可避免工件在夹紧过程中产生移动；当夹紧表面为已加工表面时，应添加衬垫，防止压出印痕。

4）对于加工基准在侧面的工件，可用角铁进行装夹，如图 4-38d 所示，由于钻孔时轴向钻削力作用在角铁安装平面以外，因此角铁必须固定在钻床工作台上。

5）在薄板或小型工件上钻小孔时，可将工件放在定位块上，用手虎钳夹持，如图 4-38e 所示。

6）在圆柱形工件端面钻孔时，可用自定心卡盘进行装夹，如图 4-38f 所示。

3. 钻削用量的选择

钻削用量包括切削速度、进给量和切削深度三要素。选择钻削用量的目的，是在保证加工精度、表面粗糙度及刀具合理使用寿命的前提下，使生产率得到提高。

（1）钻削速度（v）　钻孔时，钻头外缘上一点的线速度称为钻削速度（m/min），其计算公式为

$$v = \pi D n / 1000$$

式中　D——钻头直径，单位为 mm；

　　　n——钻床主轴转速，单位为 r/min。

钻削速度对钻头的寿命影响较大，应选取一个合理的数值。在实际应用中，钻削速度往往按经验数值选取，见表 4-2，而将选定的钻削速度换算为钻床主轴转速 n。

表 4-2　标准麻花钻的钻削速度

钻削材料	钻削速度/（m/min）	钻削材料	钻削速度/（m/min）
铸铁	12～30	合金钢	10～18
中碳钢	12～22	铜合金	30～60

（2）钻削时的进给量（f）　主轴每转一转，钻头沿轴线的相对移动量称为进给量，单位是 mm/r。

孔的表面粗糙度值要求较小和精度要求较高时，应选择较小的进给量；钻孔较深、钻头较长时，也应选择较小的进给量。常用标准麻花钻的进给量数值见表 4-3。

表 4-3　标准麻花钻的进给量

钻头直径 D/mm	<3	3～6	6～12	12～25	>25
进给量 f/（mm/r）	0.025～0.05	0.05～0.1	0.1～0.18	0.18～0.38	0.38～0.62

（3）切削深度（a_p）　已加工表面与待加工表面之间的垂直距离称为切削速度，根据实际情况选择。一般直径在 30mm 以下的孔一次钻出；直径为 30～80mm 的孔可先用（0.5～0.7）D（D 为工件的孔径）的钻头加工出底孔，然后用直径为 D 的钻头扩孔。

4. 起钻

钻孔时，先使钻头对准钻孔中心轻钻出一个浅坑，观察钻孔位置是否正确，如有误差，应及时校正，使浅坑与钻孔中心同轴。如位置偏差较小，可在起钻的同时用力将工件向偏移的反方向推移，逐步借正；当位置偏差较大时，可在借正方向钻几个样冲眼或錾出几条槽（图 4-39），以减小此处的钻削阻力，达到借正的目的。

5．手动进给操作

当试钻达到钻孔的位置要求后，即可继续钻孔。进给时用力不可太大，以防钻头弯曲，使钻孔轴线歪斜，如图4-40所示；钻小直径孔或深孔时，进给力要小，并要经常退钻排屑，以免切屑阻塞而扭断钻头，在钻深达直径的3倍时，一定要退钻排屑；孔将钻透时，进给力必须减小，以防进给量突然过大，从而增大切削阻力，造成钻头折断，或使工件随着钻头转动而造成事故。

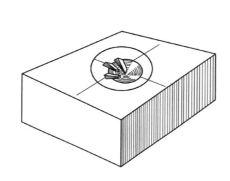

图 4-39　錾槽借正起钻偏位的孔

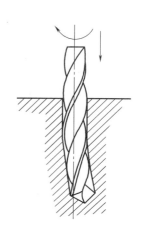

图 4-40　钻孔时轴线歪斜

6．钻孔时的冷却润滑

钻孔时应加注足够的切削液，以达到钻头散热，减少钻削时钻头与工件、切屑之间的摩擦，消除积屑瘤，降低切削阻力，提高钻头寿命，改善加工孔的表面质量的目的。一般钻钢件时用3%～5%的乳化液；钻铸铁件时，可以不加切削液或用煤油进行冷却润滑。

7．钻孔注意事项

1）钻孔前，清理好工作场地，检查钻床安全设施是否齐备，润滑状况是否正常。

2）工作服的袖口要扎紧，不准戴手套，手中不允许拿棉纱和清洁布。

3）开动钻床前，检查钻夹头钥匙或楔铁是否插在钻床主轴上。

4）工件要夹持牢固，防止在钻孔过程中产生位移，不允许用手拿工件钻孔。

5）钻床变速换档应先停车，后变速。

6）不准用手清除切屑和用嘴吹切屑，应使用钩子和刷子，并应在停车时清除。

7）钻通孔时应采取相应措施（如放置垫块），以防钻坏台面或平口钳。

8）轴向进给时，进给压力不能大大，并注意适时退钻排屑。

9）孔将要钻穿时，钻削阻力变小，进给压力也应随之减小，以防钻头被孔口棱边卡住而出现损坏钻头、工件甩出等事故。

10）停车时应让主轴自然停止，严禁用手制动。

11）清洁钻床或加注润滑油时应切断电源。

12）钻床工作台面上不准放置量具和其他无关的工具、夹具。

4.5.4 扩孔

用扩孔工具（扩孔钻）将工件上已加工孔径扩大的操作称为扩孔。扩孔具有切削阻力小；产生的切屑小、排屑容易；避免横刃切削所引起的不良影响等特点。其加工公差等级可达 IT9 ~ IT10 级，表面粗糙度值可达 $Ra3.2\mu m$。扩孔常作为孔的半精加工和铰孔前的预加工。

1. 扩孔钻

扩孔钻按刀体结构可分为整体式和镶片式两种；按装夹方式可分为直柄、锥柄和套式三种，如图 4-41 所示。

由于扩孔条件的改善，扩孔钻与麻花钻存在较大的不同，如图 4-42 所示。扩孔钻中心不参与切削，没有横刃，切削刃只有外缘处的一小段；钻心较粗，可以提高刚度，使切削更加平稳；因扩孔产生的切屑体积小，容屑槽也浅，扩孔钻可做成多刀齿，以增强导向作用；扩孔时切削深度小，切削角度可取较大值，使切削省力。

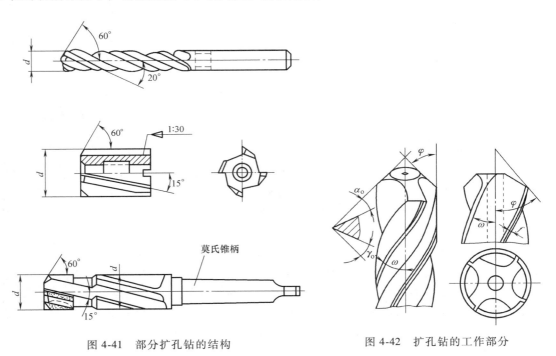

图 4-41 部分扩孔钻的结构   图 4-42 扩孔钻的工作部分

2. 扩孔操作

用扩孔钻扩孔时，必须选择合适的预钻孔直径和切削用量。一般预钻孔直径为扩孔直径的 90%，进给量为钻孔时的 1.5~2 倍，切削速度为钻孔时的 1/2。

4.5.5 铰孔

用铰刀从工件孔壁上切除微量的金属层，以提高孔的尺寸公差等级和降低表面粗糙度值的加工方法称为铰孔。铰孔属于对孔的精加工，尺寸公差等级一般可达到 IT7 ~ IT9 级，表面粗糙度值可达 $Ra1.6\mu m$。

1. 铰孔工具

（1）铰刀　铰刀由柄部、颈部和工作部分组成，如图4-43所示。柄部是用来装夹、传递转矩和进给力的部分，有直柄和锥柄两种；颈部是磨制铰刀时供砂轮退刀用的；工作部分又分为切削部分和校准部分，切削部分磨有切削锥角，决定了铰刀切削部分的长度，对切削时进给力的大小、铰削质量和铰刀寿命有较大的影响，校准部分主要用来导向和校准铰孔的尺寸，是铰刀磨损后的备磨部分。

铰刀按刀体结构可分为整体式铰刀、焊接式铰刀、镶齿式铰刀和装配式可调铰刀；按外形可分为圆柱铰刀和圆锥铰刀；按使用场合可分为手用铰刀和机用铰刀；按刀齿形式可分为直齿铰刀和螺旋齿铰刀；按柄部形状可分为直柄铰刀和锥柄铰刀，如图4-44所示。

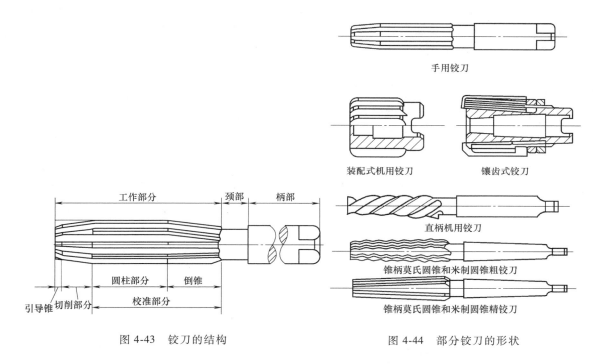

图 4-43　铰刀的结构　　　　　图 4-44　部分铰刀的形状

（2）铰杠　铰杠是手工铰孔的工具，如图4-45所示。将铰刀柄尾部方榫夹在铰杠的方孔内，扳动铰杠使铰刀旋转。

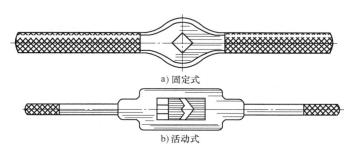

a) 固定式

b) 活动式

图 4-45　铰杠

2. 铰孔操作

（1）铰削用量的选择　铰削用量包括铰削余量、切削速度和进给量。

1）铰削余量。铰削余量是指上道工序（钻孔或扩孔）留下的直径方向上的加工余量。铰削余量过大，会使铰刀刀齿负荷增加，加大切削变形，使工件被加工表面产生撕裂纹，降低尺寸公差等级，增大表面粗糙度值，同时加速铰刀的磨损；铰削余量过小，则上道工序残留的变形难以纠正，无法保证铰削质量。一般情况下，对 IT9、IT8 级孔可一次铰出；对 IT7 级的孔，应分粗铰和精铰。

2）机铰切削速度。机铰时为了获得较小的加工表面粗糙度值，应取较小的切削速度，避免产生积屑瘤，减少切削热及变形。铰削钢材时，切削速度应小于 8m/min；铰削铸铁材料时，切削速度应小于 10m/min。

3）机铰进给量。进给量要适当，进给量过大时铰刀易磨损，从而会影响加工质量；进给量过小，则不易切下金属材料，切削厚度过小，铰刀的挤压作用明显加大，加速铰刀后刀面的磨损，使表面粗糙度值增大，并加快铰刀磨损。铰削钢材时，进给量控制在 0.4mm/r 以下；铰削铸铁材料时，进给量控制在 0.8mm/r 以下。

（2）铰刀的选用　铰孔的精度主要取决于铰刀的尺寸公差等级。铰孔时，应使铰刀的直径规格与所铰孔相符合，还要确定铰刀的公差等级，标准铰刀的公差等级分为 h7、h8、h9 三个级别。铰削精度要求较高的孔时，必须对新铰刀进行研磨，然后再铰孔。

（3）铰削操作方法

1）手工铰孔起铰时，右手通过铰孔中心线施加进给压力，左手转动铰刀，如图 4-46 所示。正常铰削时，两手用力要均匀、平稳，不应施加侧向力，以保证铰刀能够顺利引进和获得较小的加工表面粗糙度值，避免孔口成喇叭形或孔径扩大。

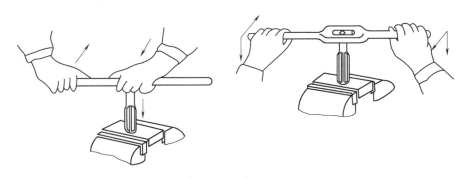

图 4-46　手工铰孔

2）铰刀铰孔过程中或退出铰刀时，铰刀均不能反转，以防止铰刀磨损及切屑挤入铰刀与孔壁之间而划伤孔壁。

3）铰削不通孔时，应经常退出铰刀，清除切屑。

4）机铰时，应尽量使工件在一次装夹过程中完成钻孔、扩孔、铰孔的全部工序，以保证铰刀中心与孔中心的一致性。铰孔完毕后，应先退出铰刀，然后停车，防止划伤孔壁表面。

5）铰削尺寸较小的圆锥孔时，可先按小端直径并留取圆柱孔精铰余量钻出圆柱孔，然后用圆锥铰刀铰削即可；对尺寸和深度较大的圆锥孔，为减小铰削余量，铰孔前可先钻出阶梯孔，然后再用铰刀铰削，铰削过程中要经常用相配的圆锥销来检查铰孔尺寸。

（4）铰削时的冷却润滑　铰削的切屑细碎且易粘附在切削刃上，甚至挤在孔壁与铰刀之间而刮伤孔表面，扩大孔径。铰削时，必须选用适当的切削液来减少摩擦并降低刀具和工件的温度，冲掉切屑。切削液的选用可参考表4-4。

表4-4　铰削时切削液的选用

加工材料	切 削 液
钢	1）10%~20%的乳化液 2）铰孔要求高时，采用30%的工业植物油加70%的浓度为3%~5%的乳化液（或皂液） 3）铰孔要求更高时，可采用工业植物油或动物油等
铁铸	1）煤油（但会引起孔径缩小，最大收缩量为0.02~0.04mm） 2）低浓度乳化液（3%~5%）
铝	1）煤油 2）5%~8%的乳化液
铜	5%~8%的乳化液

3. 铰孔注意事项

1）工件装夹要可靠，将工件夹紧、夹正，对薄壁零件，应防止夹紧力过大而将孔夹扁。

2）手工铰孔时，两手用力要平衡、均匀、稳定；当铰刀被卡住时，不要猛力扳转铰刀；应及时取出铰刀，清除切屑，检查铰刀后再继续缓慢进给。

3）机铰退刀时，应先退出铰刀后再停车。铰削通孔时，铰刀的校准部分不要全部出头，以防止孔的下端被刮坏。

4）机铰时要注意机床主轴、铰刀、待铰孔三者的同轴度是否符合要求，对高精度孔，必要时可以采用浮动铰刀夹头装夹铰刀。

5）不可用手清除铰刀切削刃上的毛刺或切屑。

6）防止铰刀掉落而造成损伤；铰刀使用完后要擦洗干净，涂抹全损耗系统用油，放置时注意保护好切削刃，防止其与硬物发生碰撞。

4.5.6　锪孔

用锪钻（或经改制的钻头）对已加工孔口加工出一定形状的孔或表面的加工方法，称为锪孔。锪孔的目的是保证孔口与孔中心线的垂直度，以便与孔连接的零件位置正确，连接可靠。锪孔的加工对象主要有圆柱形沉孔、圆锥形沉孔以及孔口的凸台平面，如图4-47所示。

1. 锪孔钻的种类和特点

锪孔钻分柱形锪钻、锥形锪钻和端面锪钻三种。柱形锪钻主要用于锪圆柱形沉孔；锥形锪钻主要用于锪圆锥形沉孔；端面锪钻专门用于锪平孔口的端面。

2. 锪孔操作要点

锪孔方法和钻孔方法基本相同。锪孔时存在的主要问题是由于刀具振动而使所锪孔口的端面或锥面产生振痕，为避免这种现象，在锪孔时应注意以下几点：

1）锪孔时的切削速度应比钻孔时低，一般为钻孔时的$1/3 \sim 1/2$。锪孔的切削面积小，

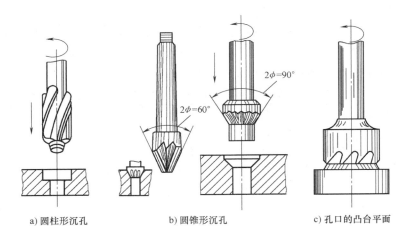

a) 圆柱形沉孔　　　　　b) 圆锥形沉孔　　　　　c) 孔口的凸台平面

图 4-47　锪孔的加工对象

标准锪钻的切削刃数目多，切削较平稳，进给量一般为钻同等直径孔时的 2～3 倍。

2）精加工锪孔时往往采用停车后的惯性切削，以减少振动而获得光滑的表面，还应加适当的切削液。

3）选用较短的钻头改磨锪钻时，应注意修磨前刀面，减小前角，以防扎刀、振动。

4）锪钻的刀柄和刀片配合要合适，装夹要牢固，导向要可靠，工件要压紧，锪孔时不应发生振动。

5）为控制锪孔深度，锪孔前可用钻床上的深度标尺和定位螺母，对钻床主轴（锪钻）的进给深度做好调整定位工作。

6）当锪孔表面出现振纹等情况时，应立即停止加工，找出钻头刃磨等问题并及时修整。

7）锪钢件时，切削热量大，应在导柱和切削表面加切削液。

4.6　螺纹的加工

加工内、外螺纹的方法很多，钳工在装配与修理工作中常手工加工螺纹。用相应工具（丝锥和铰杠）在零件上加工出内螺纹的过程称为攻螺纹；用相应工具（板牙和板牙架）在圆杆上加工出外螺纹的过程称为套螺纹。常用攻螺纹和套螺纹的工具箱如图 4-48 所示。

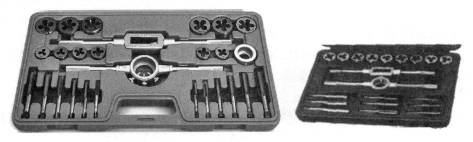

图 4-48　常用攻螺纹和套螺纹工具箱

4.6.1　攻螺纹

1. 攻螺纹用工具

（1）铰杠　如图 4-49 所示，铰杠是用来夹持丝锥的工具，有普通铰杠和丁字铰杠之分。

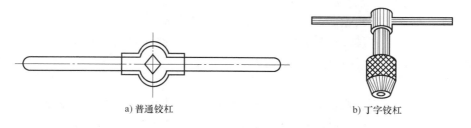

a) 普通铰杠　　　　　　　　　　　b) 丁字铰杠

图 4-49　铰杠

（2）丝锥　丝锥由工作部分和柄部组成，工作部分包括切削部分和校准部分。柄部有方榫，用来传递切削转矩，如图 4-50 所示。

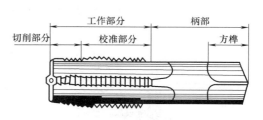

图 4-50　丝锥

（3）丝锥夹头　在钻床上加工螺纹时，通常用丝锥夹头夹持丝锥，以免当丝锥的负荷过大或攻制不通螺孔到达孔底时，出现丝锥折断或损坏工件等现象。常用的丝锥夹头有钢球式丝锥夹头和锥体摩擦式丝锥夹头。

2. 攻螺纹操作

（1）攻螺纹底孔直径的确定　攻螺纹前，首先要用钻头钻出攻螺纹底孔，而攻螺纹底孔直径的选择尤为重要。用丝锥攻螺纹时，每个切削刃一方面在切削金属，另一方面也在挤压金属，因而会出现金属凸起并向牙尖流动的现象，韧性材料尤为显著。实践证明，底孔直径选得过大，则加工出的螺纹高度及牙深不够，牙顶不尖；底孔直径选得太小，则攻螺纹困难，易造成丝锥折断。底孔直径的大小一般根据工件材质（塑性或脆性）和钻孔时孔的扩张量来考虑，应使攻螺纹时既保证丝锥齿根部和螺纹牙型顶端间的距离，又保证加工出完整的螺纹牙型。

加工普通螺纹底孔的钻头直径，可由下述经验公式确定：

对钢料及塑性材料，钻头直径为

$$D_{钻} = D - P$$

对铸铁及脆性材料，钻头直径为

$$D_{钻} = D - (1.05 \sim 1.1)P$$

式中　$D_{钻}$——攻螺纹前的底孔直径，单位为 mm；

D——内螺纹公称直径，即工件螺纹大径，单位为 mm；

P——螺距，单位为 mm。

（2）不通孔螺纹攻螺纹前底孔深度的确定　攻不通孔螺纹底孔时，由于丝锥切削部分不能切出完整螺纹，所以钻孔深度至少要等于螺纹长度与附加的丝锥切削部分长度之和，这段附加长度约等于内螺纹公称直径的 70%，即

$$h = L + 0.7D$$

式中　h——钻孔深度，单位为 mm；

　　　L——螺纹长度，单位为 mm；

　　　D——螺纹公称直径，即工件螺纹大径，单位为 mm。

（3）攻螺纹的步骤及方法

1）划线，钻底孔。根据所学知识，钻出合适的底孔。

2）孔口倒角。通孔螺纹两端都要倒角，这样可使丝锥开始切削时容易切入，并可防止孔口出现挤压出的凸边。倒角处直径可略大于螺纹大径。

3）装夹工具、丝锥。

4）起攻及检查校正。起攻时，可一手用手掌按住铰杠中部沿丝锥轴线加压，另一手配合做顺向旋进；或两手握住铰杠两端均匀施加压力，并将丝锥顺向旋进，保证丝锥轴线与孔中心线重合，不使其歪斜，如图 4-51 所示。在丝锥攻入 1～2 圈后，应及时从前后、左右两个方向用直角尺进行检查（图 4-52），并不断校正至达到要求。

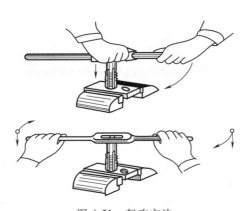

图 4-51　起攻方法

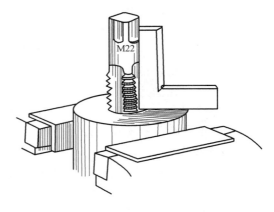

图 4-52　检查攻螺纹垂直度误差

5）攻螺纹。当丝锥的切削部分全部进入工件时，就不需要再施加压力了，而是靠丝锥自然旋进切削。此时，两手旋转用力要均匀，要经常倒转 1/4～1/2 圈，使切屑碎断后容易排除，避免因切屑阻塞而使丝锥卡住，如图 4-53 所示。

6）攻螺纹时，必须按头锥、二锥、三锥的顺序攻削至标准尺寸。在较硬的材料上攻螺纹时，可轮换各丝锥交替攻下，以减小切削部分负荷，防止丝锥折断。

7）攻不通孔时，可在丝锥上做好深度标记，并要经常退出丝锥，清除留在孔内的切屑。否则，会因切屑堵塞易使丝锥折断或攻螺纹达不到深度要求。当工件不便倒向进行清屑时，可用弯曲的小管子吹出切屑，或用磁性针棒将切屑吸出。

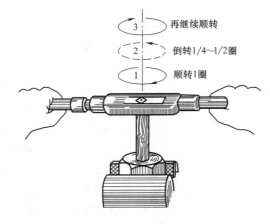

图 4-53　攻螺纹操作

8）攻韧性材料的螺孔时，要加切削液，以减小切削阻力、减小加工螺孔的表面粗糙度值和延长丝锥寿命；攻钢件时用全损耗系统用油，螺纹质量要求高时可用工业植物油；攻铸铁件时可加煤油。

9）退出丝锥。先用铰杠反向平稳旋转，当能用手直接旋动丝锥时，可用手旋出，停止使用铰杠，以防铰杠带动丝锥退出时产生摇摆和振动而影响螺纹的表面质量。

（4）机攻螺纹　攻螺纹前应先选用合适的切削速度。当丝锥即将进入螺纹底孔时，进刀要慢，以防止丝锥落空发生碰撞；在螺纹切削部分开始攻螺纹时，应在钻床进刀手柄上施加均匀的压力，帮助丝锥切入工件；当切削部分全部切入工件时，应停止对进刀手柄施加压力，而靠丝锥螺纹自然旋进攻螺纹。机攻通孔螺纹时，丝锥的校准部分不能全部攻螺纹，攻螺纹前应对丝锥进行认真的检查和修磨。

3. 攻螺纹注意事项

1）用铰杠夹持丝锥时，应夹持丝锥方榫部位。

2）在较硬材料上攻螺纹时，如感到很费力，则不可强行转动，应将头锥、二锥调换，交替攻削（用头锥攻几圈后，换二锥攻几圈，再用头锥攻几圈，依次交替攻削）。

3）攻通孔时，丝锥的校准部分不要全部攻出，以免扩大或损坏孔口最后几道螺纹。

4.6.2　套螺纹

1. 套螺纹用工具

（1）板牙　板牙由切削部分、校准部分和排屑孔组成。它相当于一个具有很高硬度的螺母，螺孔周围制有几个排屑板牙孔，一般在螺孔的两端磨有切削锥。板牙按外形和用途分为圆板牙（图 4-54a）、方板牙（图 4-54b）、六角板牙和管形板牙。

（2）板牙铰杠　如图 4-55 所示，板牙铰杠是手工套螺纹时的辅助工具。板牙铰杠的外圆旋有四只紧定螺钉和一只调松螺钉，使用时，紧定螺钉将板牙紧固在铰杠中，并传递套螺纹时的转矩。

a) 圆板牙

b) 方板牙

图 4-54　板牙

图 4-55　板牙铰杠

2. 套螺纹操作

（1）套螺纹前圆杆直径的确定　和攻螺纹一样，套螺纹过程中，工具（板牙）对工件螺纹部分材料也有挤压作用，因此，圆杆直径应比螺纹大径（公称直径）小一些。其经验公式如下

$$d_{杆} = d - 0.13P$$

式中　$d_{杆}$——圆杆直径，单位为 mm；

$\quad\quad d$——外螺纹大径，即螺纹公称直径，单位为 mm；

P——螺距，单位为 mm。

（2）套螺纹的步骤及方法

1）圆杆倒角。为使板牙顺利套入工件和正确导向，套螺纹前应对圆杆端部进行倒角，一般圆杆端部倒成圆锥斜角为 15°~20° 的锥体。

2）安装板牙，装夹工件。由于套螺纹切削力矩较大，且工件为圆柱形，故钳口处要用 V 形铁或厚的软金属板衬垫，将圆杆牢固地夹紧，同时，圆杆套螺纹部分不要离钳口过远。

3）起套。将板牙端面垂直于圆杆轴线方向接触工件，一只手按住板牙中部，沿圆杆轴向施加压力，另一只手配合做顺时针方向旋进，转动要慢，压力要大，并保证板牙端面与圆杆垂直，不歪斜。在板牙旋转切入圆杆 2~3 圈时，要及时检查板牙与圆杆间的垂直情况并及时借正。

4）套螺纹。进入正常套螺纹后，不再加压力，让板牙自然旋进，以免损坏螺纹和板牙。套螺纹过程中，应经常让板牙倒转 1/4~1/2 圈进行断屑，以免切屑过长，如图 4-56 所示。

5）退出板牙。当板牙旋入圆杆切出螺纹后，两手只用旋转力将板牙倒转旋出。

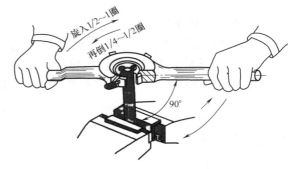

图 4-56　套螺纹

3. 套螺纹注意事项

1）套螺纹过程中，板牙端面应始终与圆杆轴线保持垂直。

2）起套时，要从前后、左右两个方向进行观察与检查，及时进行垂直度误差的检验和校正。

3）套螺纹过程中要加切削液，以降低螺纹表面粗糙度值和延长板牙的使用寿命，工作中一般用加浓的乳化液或全损耗系统用油作为切削液。

4.7　刮削加工

用刮刀在加工过的工件表面上刮去微量金属，以提高表面形状精度、改善配合表面间接触状况的加工方法称为刮削。刮削不受工件形状和位置以及设备条件的限制，具有切削量小、切削力小、产生热量小、装夹变形小等特点，能获得很高的几何精度、尺寸精度、接触精度、传动精度及较低的表面粗糙度值。因此，刮削是一种精加工方法。

4.7.1　刮削用工具

1. 显示剂

校验时，要在工件刮削面或平板表面涂一层显示剂，显示工件误差的位置和大小。常用的显示剂主要有红丹粉和刮研蓝油两种。

（1）红丹粉　红丹粉分铅丹（氧化铅，呈橘红色）和铁丹（氧化铁，呈红褐色）两种，这两种显示剂的颗粒较细，显示清晰，价格较低，广泛应用于钢与钢、铸铁与铸铁和钢与铸铁工件的研磨。

（2）刮研蓝油 刮研蓝油是用蓝粉、蓖麻油及适量的全损耗系统用油调和而成的，呈深蓝色，其显示的研磨点小而清楚，多用于精密工件和由非铁金属及其合金制作的工件。

2. 校准工具

校准工具（图4-57）用于检验刮削质量、鉴定刮削表面的接触精度。常用的校准工具有铸铁平板、铸铁平尺、铸铁角度平尺以及检验轴。

（1）铸铁平板 铸铁平板用一级铸铁制成，经过加工后再精刮而达到较高的精度。其平面坚硬，有较高的耐磨性。

（2）铸铁平尺 铸铁平尺用于检验平面或机床导轨的直线度误差或平面度误差，包括桥形平尺和工字形平尺。

（3）铸铁角度平尺 铸铁角度平尺用于检验工件的角度误差。

（4）检验轴 检验轴用于检验曲面或者圆柱形内表面。刮削曲面时，常用相配的轴作为标准工具；如无现成轴，也可自制符合标准的检验棒来检验。

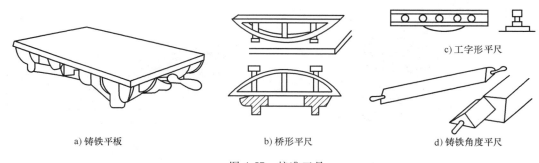

c) 工字形平尺

a) 铸铁平板   b) 桥形平尺   d) 铸铁角度平尺

图4-57 校准工具

3. 刮刀

刮削时，工件形状不同，所使用刮刀的形式也不同。刮刀分为平面刮刀和曲面刮刀两类，平面刮刀用于刮削平面和刮花；曲面刮刀用来刮削曲面。

4.7.2 刮削操作

1. 显示剂的使用

刮削时，显示剂可以涂在工件表面，也可涂在校准件上。涂在工作表面时，工件表面显示的结果是红底黑点，没有闪光，容易看清楚，用于精刮；涂在校准件上时，只在工件表面的高处着色，研磨点暗淡，不容易看出，但切屑不易粘附在切削刃上，刮削方便，适用于粗刮。

2. 刮削前的准备

1）工件放置平稳，防止刮削时发生振动和滑动。

2）刮削场地的光线要适当，光线太强，会出现反光，研磨点不易看清；光线太弱，也看不清研磨点，要附加灯光。

3）清理刮削工件，去掉铸件上的残砂、锐边和毛刺，以及工件表面的油污。

3. 刮削方法

（1）平面刮削方法 刮削姿势若不正确，则很难发挥出力量，工作效率不高，质量也不能保证。平面刮削常采用的刮削方法有挺刮法和手刮法两种。

1）挺刮法。如图 4-58 所示，将刮刀柄放在小腹右下侧肌肉处，双手并拢握在刮刀前部距切削刃约 80mm 处（左手在前，右手在后）。刮削时刮刀对准研磨点，左手下压，利用腿部和臀部力量使刮刀向前推挤，推动到位的瞬间，双手同时将刮刀提起，完成一次刮点。挺刮法每刀切削量较大，适用于大余量的刮削，工作效率较高，但腰部易疲劳。

2）手刮法。如图 4-59 所示，右手握住刀柄，左手四指向下握住靠近刮刀头部约 50mm 处，刮刀与被刮削表面成 20°～30°角，左脚向前跨一步，上身随着往前倾斜。刮削时右手随着上身前倾使刮刀向前推进，左手下压，落刀要轻，当推进到所需位置时，左手迅速提起，完成一个手刮动作。手刮法动作灵活，适用于各种工作位置，一般对刮刀长度要求不太严格，姿势可合理掌握，但手较易疲劳，不适用于加工余量较大的工件。

图 4-58　挺刮法

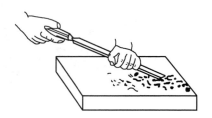

图 4-59　手刮法

两种刮削方法各有其长处和短处。钳工可以根据工件刮削面的大小和加工余量大小情况，采用某种刮削方法或混合使用，完成刮削工作。

（2）曲面刮削方法　曲面刮削所用工具与平面刮削不同，常用三角刮刀或蛇头刮刀，刀具做螺旋运动。曲面刮削分为内曲面刮削和外曲面刮削。

1）内曲面刮削操作。根据不同形状和不同的刮削要求，选择合适的刮刀和显点方法，一般将标准轴或与其相配合的轴作为内曲面研点的校准工具，如图 4-60a 所示。刮削时，右手握刀柄，左手掌心向下，四指横握刀身，大拇指抵着刀身，也可将刮刀柄放在右手臂上，双手握住刀身。刮削时左、右手同时做圆弧运动，且顺曲面使刮刀做后拉或前推运动，刀迹与曲面轴线约成 45°夹角，且交叉进行，如图 4-60b 所示。

2）外曲面刮削操作。两手握住平面刮刀的刀身，用右手掌握方向，左手加压或提起。刮削时，刮刀面与工件端面倾斜角约为 30°，应交叉刮削，如图 4-61 所示。

4. 刮削过程（以平面刮削为例）

平面刮削一般要经过粗刮、细刮、精刮或刮花等过程。

（1）粗刮　若工件表面有显著的加工痕迹或已生锈，则加工余量较大，可用粗刮刀采用连续推铲的方法，刀迹要连成长片。粗刮可以很快地去除刀痕、锈斑。当粗刮到每 25mm×25mm 的方框内有 2～3 个研磨点时，即可转入细刮。

（2）细刮　为进一步改善刮削面上的不平现象，用细刮刀在刮削面上刮去大块研磨点。刮削时采用短刮法（刀迹的长度约为切削刃宽度），随着研磨点数量的增多，刀迹逐步缩短，在每刮一遍时，须按一定方向刮削，刮第二遍时要交叉刮削，以消除原方向的刀迹，避免出现条状研磨点。细刮到 25mm×25mm 的方框内出现 12~15 个研磨点时，细刮结束。

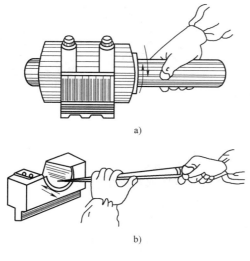

图 4-60　内曲面刮削

图 4-61　外曲面刮削

（3）精刮　在细刮基础上，通过精刮增加接触点数，使工件符合精度要求。刮削时，用小刮刀或带圆弧的精刮刀采用点刮法刮削，将大而宽的研磨点全部刮去。精刮时，落刀要轻，起刀要迅速挑起。每个研磨点上只刮一刀，不应重复，并始终交叉地进行刮削。当研磨点逐渐增多到每 25mm×25mm 的方框内有 20~25 点时，点数达到要求。

（4）刮花　精刮后的刮花是为了使刮削面美观，也可在滑动件之间造成良好的润滑条件，还可根据花纹消失多少来判断平面磨损程度。在接触精度要求高，研磨点要求多的工件上，不应刮成大片花纹，否则将不能达到所要求的刮削精度。常见的花纹如图4-62所示。

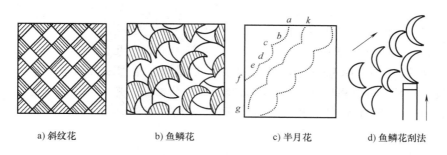

a) 斜纹花　　　　b) 鱼鳞花　　　　c) 半月花　　　　d) 鱼鳞花刮法

图 4-62　刮花的花纹

（5）工件表面的刮削方向　第一道刮削刀痕不能与机械加工留下的刀痕垂直，第二道刮削刀痕应与第一道刮削刀痕交叉。每刮一遍，涂上显示剂，用标准研具配研，以显示刮削面上的高低不平处，然后刮掉高点，如此反复进行，直到满足所需精度要求。刮削时用力不可太大，否则容易发生抖动，使表面产生振痕。

5. 刮削精度检验

刮削的精度包括尺寸精度、几何精度、接触精度及贴合程度、表面粗糙度等。常用的检验方法是将被刮削面与校准工具对研后，将 25mm×25mm 的正方形方框罩在被检验面上，根据方框内的研磨点数来确定接触精度，如图 4-63 所示。研磨点数越多，研磨点越小，则刮削质量越好。

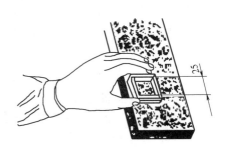

图 4-63 25mm×25mm 正方形
方框检查研磨点数

6. 刮削注意事项

1）刮削前修去锐边、锐角，防止碰伤手。

2）操作姿势要正确，落刀和起刀要正确、合理，防止梗刀。

3）注重刮刀的修磨，正确刃磨刮刀是提高刮削速度和保证刮削精度的基本条件。

4）涂色研磨点时，研具或工件必须放置平稳，施力要均匀，保证研磨点显示真实。

5）研磨点表面和显示剂必须保持清洁，防止研具和工件表面被划伤或拉毛。

6）细刮、精刮时，每个研磨点尽量只刮一刀，逐步提高刮点的准确性。

4.8 研磨加工

用研磨工具（研具）和研磨剂对工件表面进行微量磨削，以提高其尺寸公差等级、几何精度和降低表面粗糙度值的加工方法称为研磨。研磨可用于加工各种金属和非金属材料，表面粗糙度值可达 $Ra0.63 \sim 0.01\mu m$，属于精密加工的工序。

4.8.1 研磨工具和材料

1. 研磨工具

研磨加工中，研具是保证研磨工件几何形状正确的主要因素。因此，对研具的材料、精度和表面粗糙度都有较高的要求。研具材料组织结构应细密、均匀，具有很高的稳定性、耐磨性，较好的嵌存磨料的性能，其工作面的硬度应比工件表面的硬度稍低。常用研磨工具的材料有灰铸铁、球墨铸铁、软钢、铜等。

不同形状的工件应选用不同类型的研具，常用研具有以下几种。

（1）研磨平板（图 4-64a） 用于研磨平面，如量块、精密量具的平面等。有槽平板用于粗研，研磨时易于将工件压平，防止将研磨面磨成凸弧面；光滑平板用于精研。

（2）研磨环（图 4-64b） 用于研磨外圆柱表面，研磨环的内径应比工件的外径大 0.025 ~ 0.05mm。

（3）研磨棒（图 4-64c） 用于圆柱孔的研磨，有固定式和可调节式两种。固定式研磨棒制造容易，但磨损后无法补偿，多用于单件研磨或机修；可调节式研磨棒因尺寸能调节，适用于成批量生产，应用较广。研磨棒的外径比工件的内径小 0.01 ~ 0.025mm。

2. 研磨剂

研磨剂是由磨料和研磨液调和而成的混合剂。

磨料在研磨过程中起主要的切削作用，研磨工作的效率、工件的精度以及表面粗糙度值

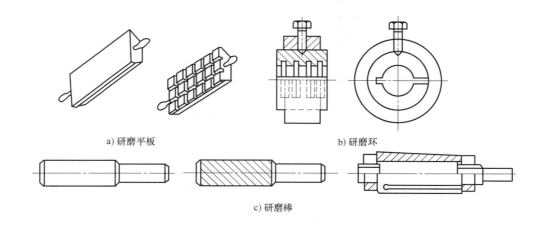

a) 研磨平板　　　　　　　　　　b) 研磨环

c) 研磨棒

图 4-64　研磨工具

都与磨料有着密切的关系。磨料的种类很多，按大小不同可分为磨粒、磨粉和微粉，使用时应根据零件材料和加工要求合理选择。

研磨液在研磨加工中起调和磨料、冷却和润滑等作用。研磨液应具备一定的黏度和稀释能力，磨料通过研磨液的调和均匀地分布在研具表面，具有一定的粘附性，这样才能使磨料对工件产生切削作用；还应具有良好的润滑、冷却作用并对操作者的健康无害，对工件无腐蚀作用，而且应易于洗净。常用的研磨液有煤油、汽油和全损耗系统用油等，研磨液的质量高低和选用是否正确直接关系到研磨加工的效果。

4.8.2　研磨方法

研磨分为手工研磨和机械研磨。手工研磨时，工件表面各处要均匀磨削，以延长研具的使用寿命。机械研磨使用研磨机实现，一些自动化程度较高的研磨机可自动加压和自动测量工作厚度，研磨效率较高。

1. 研磨的类型

研磨方法一般可分为湿研、干研和半干研三类。

（1）湿研　湿研又称敷砂研磨，它是将液态研磨剂连续加注或涂敷在研磨表面，磨料在工件与研具间不断滑动和滚动，形成切削运动。湿研一般用于粗研磨，所用微粉磨料的粒度粗于 W7。

（2）干研　干研又称嵌砂研磨，它是将磨料均匀地压嵌在研具表面层中，研磨时只需在研具表面涂以少量的辅助材料。干研常用于精研磨，所用微粉磨料的粒度细于 W7。

（3）半干研　半干研类似于湿研，所用研磨剂是糊状研磨膏。

研磨既可用手工操作，也可在研磨机上进行。工件在研磨前需用其他加工方法获得较高的预加工精度，所留研磨余量一般为 $5\sim30\mu m$。

2. 手工研磨的运动轨迹

研磨时的运动轨迹有直线、螺旋线、"8"字形线和摆线等，如图 4-65 所示，其共同特点是被加工表面与研具工作面可做相密合的平面运动。

直线研磨运动轨迹可获得较高的精度，适用于有台阶的狭长平面的研磨；螺旋形研磨运动轨迹能获得较低的表面粗糙度值和较小的平面度误差，主要适合研磨圆片或圆柱形工件的端面；"8"字形和仿"8"字形研磨运动轨迹，能使研具磨损均匀，适合研磨小平面。

a) 直线往复式　　　　　　b) 正弦曲线式　　　　　　　　c) 摆线式

图 4-65　研磨运动轨迹

3. 平面研磨

平面研磨（图 4-66）是在平整的研磨平板上进行的，粗研磨在有槽平板上进行，精研磨在光滑平板上进行。先在平板或工件上涂上适当的研磨剂，再将待研磨面贴合在研板上，以"8"字形或螺旋形和直线运动相结合的方式进行研磨，并不断变更工件的运动方向，直至达到精度要求。对于工件上局部持研的小平面、方孔、窄缝等表面，也可手持研具进行研磨。对于研磨速度和压力，一般小的硬工件或粗研磨时可用较大的压力，而大工件或精研磨时可用较小的压力。

平面研磨中，尽量保证工件上各点的研磨行程长度相近；工件运动轨迹均匀地遍及整个研具表面，以利于研具均匀磨损；运动轨迹的曲率变化要小，以保证工件运动平稳。

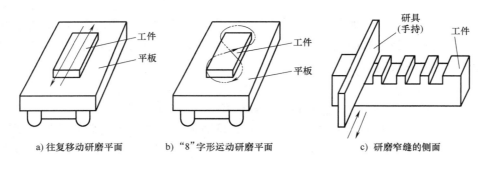

a) 往复移动研磨平面　　　　b) "8"字形运动研磨平面　　　　c) 研磨窄缝的侧面

图 4-66　平面研磨

4. 圆柱面研磨

圆柱面有外圆柱面和内圆柱面。研磨外圆一般在车床或钻床上用研磨环进行，工件和研磨环之间涂上研磨剂，工件由车床主轴带动旋转，研具用手扶持做轴向往复移动。工件的旋转速度根据工件的直径来选择，当直径小于 80mm 时，机床主轴转速约为 100r/min；当直径大于 100mm

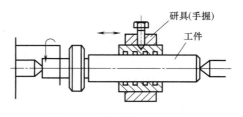

图 4-67　外圆柱面的研磨

时，转速约为 50r/min，如图 4-67 所示。

　　研磨内圆柱面与外圆柱面相反，将工件套在研磨棒上进行研磨，研磨棒装夹在车床卡盘上，如图 4-68 所示。对于机体上的大尺寸孔，可置于垂直地面方向进行手工研磨。

5. 圆锥面的研磨

　　工件圆锥面必须用锥度与工件相同的研磨棒（研磨套）进行研磨，研磨棒工作部分的长度应是工件研磨长度的 1.5 倍左右。研磨一般在车床或钻床上进行，在研磨棒上均匀地涂上研磨剂，插入工件锥孔中（或套进工件的外锥表面）旋转 4~5 圈后，将研具稍微拔出一些，换一个位置再推入研磨，如图 4-69 所示。研磨到接近要求时，取下研具，擦净研磨剂，重新套上研磨（起抛光作用），直到被加工表面呈银灰色或发光为止。

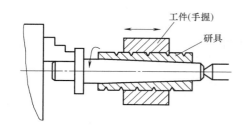

图 4-68　内圆柱面的研磨

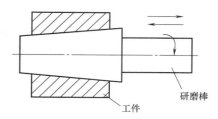

图 4-69　圆锥面的研磨

6. 研磨注意事项

　　1）研磨过程中，用力要均匀，压力要适中，研磨量要均匀。
　　2）研磨时工件应保持平衡，保证能均匀地进行研磨加工。
　　3）研磨时应保证工件上有正确的研磨轨迹。
　　4）研磨时应经常注意精度的检验，避免研磨误差过大。
　　5）研磨时，若压力大、速度快，则研磨效率高，但工件表面粗糙，工件容易发热变形。一般粗研较小的硬工件时，用较大的压力、较低的速度；对于大的较软工件或精磨时，则用较小的压力、较快的速度研磨。
　　6）应重视研磨中的清洁工作，防止工件表面拉毛造成工件拉出深痕而报废；研磨后应及时将工件清洗干净并采取防锈措施。

4.9　矫正与弯曲

　　机械加工、安装或修理过程中，常需要对零件进行矫正，如轴类零件、型材发生了弯曲，板材、板类零件发生了翘曲、扭曲等现象，需要矫正后才能使用。有时需要靠弯曲制作、加工一些零件，如弯管子、制作弹簧等。

4.9.1　矫正

　　消除材料或工件的弯曲、翘曲、凸凹不平等缺陷的加工方法称为矫正。矫正分为机械矫正和手工矫正，手工矫正是钳工用手工工具在平板、铁砧或台虎钳上进行的，一般有延展、扭转、弯形、伸张等方法，本节主要介绍手工矫正。

1. 矫正工具

（1）平板、台虎钳和铁砧 用于矫正工件的基座。

（2）软、硬锤子 矫正一般材料常用钳工锤子和方头锤子；矫正已加工过的表面、薄钢板或非铁金属制件时，使用软锤子（铜锤、硬胶锤、木锤、铅锤等）。

（3）压力机 用于矫正较大的轴类零件或棒料。

（4）抽条、拍板 抽条是采用条状薄板弯成的简易工具，用于抽打较大面积的板料。拍板是用质地较硬的檀木制成的专用工具，用于敲打板料。

（5）检验工具 包括铸铁平板、直角尺、钢直尺、百分表等。

2. 手工矫正方法

（1）条料的矫正 条料产生扭曲和弯曲等变形时，常用延展法、扭转法、弯形法和伸张法进行矫正。

1）延展法。条料在宽度方向上弯曲时，用延展法矫正。如图 4-70 所示，矫正时，锤打弯曲里面的材料（图中短细线为锤击部位），经锤击后使下边逐渐伸长而变直。

2）扭转法。条料扭曲变形时，一般将条料装夹在台虎钳上，用扳手把条料扭转到原来的形状，如图 4-71 所示。

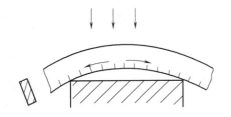

图 4-70 延展法矫正条料

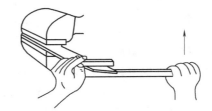

图 4-71 扭转法矫正条料

3）弯形法。条料在厚度方向发生弯曲时，将条料靠近弯曲的地方夹入台虎钳，用扳手扳动其末端，使其回直，如图 4-72a 所示；也可将条料弯曲的地方放在台虎钳两钳口内，用台虎钳将其初步压直（图 4-72b），再用锤子矫正，直到条料的平直度符合要求为止。

a) 扳手矫正　　　　　　　　　　b) 台虎钳初步矫正

图 4-72 弯形法矫正条料

4）伸张法。伸张法适合矫正各种细长线材。将线材的一端固定，然后从固定处开始，将弯曲的线材绕圆木一周，紧握圆木向后拉，使线材在拉力作用下绕过圆木得以伸长并矫直，如图 4-73 所示。

（2）棒料的矫正 棒料的矫正多采用锤击法。矫正前，用目测对光法检查，检查后用粉笔做好记号，然后将棒料放在平板上，凸起部位向上，用锤子锤击凸起的部位。如图 4-74所示，棒料上层受压应力作用缩短，而下层受拉应力作用伸长。

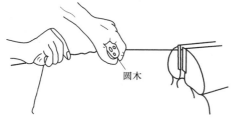

图 4-73　伸张法矫正细长线材

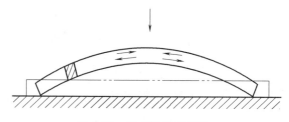

图 4-74　锤击法矫正棒料

（3）轴类工件的矫正　轴类工件的矫正可在压力机上进行，如图 4-75 所示。矫正前先将轴装在顶尖上或架在 V 形铁上，转动轴并用粉笔划出弯曲部位。用压力机矫正时，先将轴放在 V 形铁上，两 V 形铁之间的距离根据工件弯曲程度来调节，使凸部朝上，转动压力机的螺杆，使压块压在圆轴凸起部位，如图 4-75 所示。为了消除因弹性变形所产生的回弹，可适当压过一些，保持一定的时间，最后用百分表检查轴的矫正情况，边矫正边检查，直至符合要求为止。

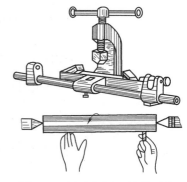

图 4-75　压力机矫正轴类零件

（4）板料的矫正　金属薄板（一般指厚度小于 4mm 的板料）产生的变形通常有中部凸起、边缘呈波浪形以及翘曲等。常采用延展法对板料进行矫正，不同的变形，矫正的部位有所区别，如图 4-76 所示。

1）板料中部凸起（图 4-76a）。中部凸起由变形后中部材料变薄引起的。矫正时可先锤击板料边缘，逐渐向凸起部位锤击，使边缘材料延展变薄，厚度与凸起部位的厚度越趋近则越平整。越靠近凸起部位，越要锤得快而轻。若板料表面有几处相邻凸起，应先在凸起的交界处轻轻锤击，使几处凸起合并成一处，然后再锤击四周进行矫正。

2）板料边缘呈波浪形（图 4-76b）。当板料四边变薄而伸长呈波浪形时，应从中间向四周锤击，按图中箭头所示方向，密度逐渐变大，力量逐渐减小，经过反复多次锤打，使板料平整。

3）板料对角翘曲（图 4-76c）。板料发生对角翘曲时，沿另外没有翘曲的对角线锤击，使其延展而矫正。

4）板料有微小扭曲（图 4-76d）。板料有微小扭曲时，可用抽条按从左到右顺序抽打平面，因为抽条与板料接触面积较大，受力均匀，所以容易使板料平整。

3. 矫正注意事项

1）矫正前应逐一检查所要使用的工具（台虎钳、铁砧、平板、锤子、纯铜锤、木锤等），消除安全隐患。

2）对已加工工件表面进行矫正时，要垫上硬木或用软锤矫正。

3）矫正时应经常检查、测量，避免矫过或出现废品。

4.9.2　弯曲

1. 弯曲基础知识

（1）弯曲的概念　将棒料、条料、板料、管子等坯料弯曲成所需要形状的加工方法称

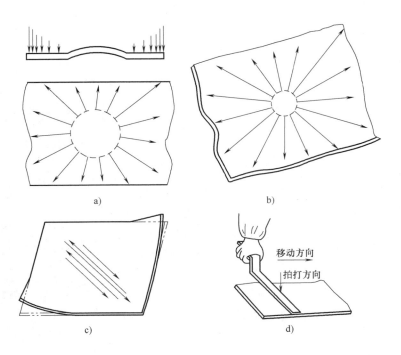

图 4-76 板料的矫正

为弯曲。弯曲使材料产生塑性变形，因此，只有塑性好的材料才能进行弯曲。图 4-77a 所示为弯曲前的钢板，图-77b 所示为弯曲后的理想状态。钢板弯曲后外层材料拉伸，内层材料压缩，在内层与外层之间存在中性层，其弯曲后长度不变。弯曲时，越靠近材料表面的金属变形越严重，越容易出现拉裂或压裂现象。

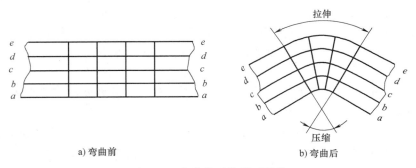

图 4-77 弯曲前后的断面形状

（2）弯曲毛坯长度计算　工件弯曲后，中性层长度不变，因此，计算弯曲工件毛坯长度时，可按中性层的长度计算，即材料中性层的长度为弯形件的展开长度。试验证明，中性层的实际位置与材料的弯曲半径 r 和材料厚度 t 有关。当材料厚度不变时，弯曲半径越大，变形越小，中性层位置越接近材料厚度的几何中心；在不同弯曲形状的情况下，中性层的位置是不同的。

工件弯形前的毛坯长度等于直线部分长度与圆弧部分中性层长度之和。圆弧部分中性层长度的计算公式为

$$A = \pi(r + x_0 t)\alpha / 180°$$

式中　r——内弯曲半径，单位为 mm；

x_0——中性层位置系数，见表 4-5；

t——材料厚度，单位为 mm；

α——弯形角，单位为（°）。

注意：整圆弯形时，$\alpha = 360°$；直角弯形时，$\alpha = 90°$，对于成直角不带圆弧的制件，按 $r = 0$ 计算，即 $A = 0.5t$。

表 4-5　弯曲中性层位置系数 x_0

r/t	0.25	0.5	0.8	1	2	3	4	5	6	7	8	10	12	14	>16
x_0	0.2	0.25	0.3	0.35	0.37	0.4	0.41	0.43	0.44	0.45	0.46	0.47	0.48	0.49	0.5

2. 弯曲方法

弯曲的方法有冷弯和热弯两种。常温下进行的弯曲称为冷弯，当材料厚度小于 5mm 时采用冷弯，常由钳工完成。当工件较厚时（一般超过 5mm），要在加热情况下进行弯曲，称为热弯，常由锻工完成。下面介绍几种简单的手工弯曲操作。

（1）板料和条料的弯曲　金属板料、条料弯曲的形状常有直角形、直角弓形、圆弧形等。

1）弯直角形（图 4-78）。当工件形状简单、尺寸不大时，可在台虎钳上用手工工具弯形。先在弯曲部位划好线，线与钳口对齐，用木锤敲击工件根部，或用木垫垫住再敲击垫块，直到弯曲，最后再整形。

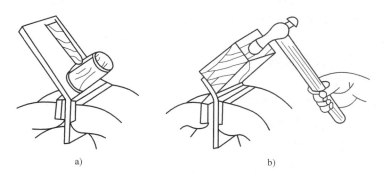

a)　　　　　　　　　　b)

图 4-78　板料在台虎钳上弯直角

2）弯直角弓形。弯直角弓形工件时，可用木垫或金属垫作辅助工具，再按弯直角形的方法进行弯形，其步骤如图 4-79 所示。

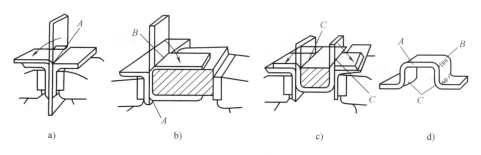

a)　　　　　　　b)　　　　　　　c)　　　　　　　d)

图 4-79　弯直角弓形工件的步骤

3）弯圆弧形。先在材料上划好弯曲线，按线将工件夹在台虎钳的两块角铁衬里，用方头锤子的窄头锤击，然后在半圆模上修整圆弧，如图4-80所示。

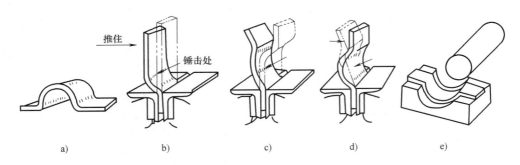

图 4-80　弯圆弧形工件的步骤

（2）手工盘绕圆柱形压缩弹簧（图4-81）

手工盘绕圆柱形压缩弹簧是钳工最基本的操作之一。盘绕弹簧前应先做好一根盘弹簧用的心棒，心棒一端开槽或钻小孔，另一端弯成摇手柄式的直角弯头；将钢丝一头穿入心棒的槽内或小孔内，预绕半圈使其固定；将钢丝夹在台虎钳的木钳口上，钳口的夹紧力以钢丝能被拉动为度；摇动心棒的手柄，使心轴按要求方向边绕边前进，即可绕出弹簧；绕制圈数达到要求后，再绕 2~3 圈，将弹簧从心轴上取下，截断后弯出两端的挂钩即可。

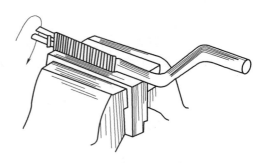

图 4-81　手工盘绕圆柱形压缩弹簧

（3）管子的弯曲　弯管子的方法有冷弯和热弯两种。管径在 12mm 以下时一般采用冷弯法；管径大于 12mm 时则采用热弯法。管子的最小弯曲半径必须大于管径的 4 倍。弯有缝的管子时，焊缝必须置于中性层位置上，否则会使焊缝裂开。当弯形的管子内径在 10mm 以下时，不用灌砂；内径大于 10mm 时，为保证弯形处的管内径与圆度，则要灌满干砂，两端用木塞塞紧，这样弯形时管子才不会瘪，如图4-82a 所示。

1）热弯法弯管子。先在管子内装满、灌实已烘干的砂子，管子两端用木塞塞紧（木塞上留小气孔以便于排气），在弯曲部位用湿粉笔做好标记，加热弯曲部位，加热后取出，放在弯管器上进行弯曲。

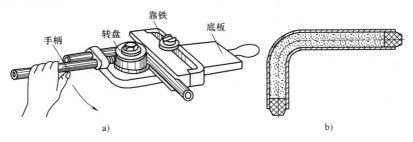

图 4-82　管子的弯曲

2）冷弯法弯管子。可在台虎钳或弯管器上进行，如图 4-82b 所示。

手工弯曲板料及管子多在单件生产中应用；在成批或大量生产时，多采用压力机、弯管机等设备来完成。

3. 弯曲注意事项

1）操作前应逐一检查所用工具（台虎钳、铁砧、锤子、纯铜锤、木锤、弯管机等），消除安全隐患。

2）工作中注意操作方法，仔细检查，校正计算尺寸，避免出现废品。

3）选好弯管方法，弯管时管子焊缝必须处于中性层位置。

4）热弯管子时须控制温度，避免热弯温度太高造成管子熔化或氧化。

第5章

考核试题

5.1 理论模拟题

一、单项选择题（请选择一个正确的答案，并将相应的字母填入题内的括号中，共计 150 题）

1. 游标卡尺的分度值有_____ mm、0.02mm 和 0.05mm 三种。

   A. 0.01　　　　　　　B. 0.1　　　　　　　C. 0.2

2. 水平仪的分度值为 0.02mm/1000mm，当气泡移动一格时，500mm 长度内的高度差为_____ mm。

   A. 0.01　　　　　　　B. 0.02　　　　　　　C. 0.04

3. 砂轮机的砂轮与搁架之间的距离，常规应保持在_____以内。

   A. 10mm　　　　　　　B. 5mm　　　　　　　C. 3mm

4. 立体划线先选择_____划线基准。

   A. 一个　　　　　　　B. 二个　　　　　　　C. 三个

5. 零件两个方向的尺寸和中心划线具有对称性，且其他尺寸也从中心线起始标注，该零件的划线基准是_____。

   A. 一个平面和一条中心线　　　　　　　B. 两条相互垂直的中心线

   C. 两个相互垂直的平面（或线）

6. 划线时 V 形块用来安放_____工件。

   A. 圆形　　　　　　　B. 大型　　　　　　　C. 复杂形状

7. 用千斤顶支承划线工件时，一般_____为一组。

   A. 二个　　　　　　　B. 三个　　　　　　　C. 四个

8. 在已加工表面上划线，一般使用_____涂料。

   A. 白喷漆　　　　　　　B. 涂粉笔　　　　　　　C. 划线蓝油

9. 划线时，应该使划线基准和_____一致。

   A. 设计基准　　　　　　　B. 安装基准　　　　　　　C. 测量基准

10. 在 F1-1125A 型万能分度头上将工件划分为 8 等分，每划一条线后，手柄应转过_____后再划第二条线。

   A. 2 周　　　　　　　B. 4 周　　　　　　　C. 5 周

11. 分度头手柄转动一周，装夹在主轴上的工件应转_____周。

A. 40　　　　　　　B. 1/40　　　　　　C. 1

12. 若锯条反装，其楔角_____。

A. 大小不变　　　　B. 增大　　　　　　C. 减小

13. 锯条有了锯路，可以使工件上面的锯缝宽度_____锯条背部的厚度。

A. 小于　　　　　　B. 等于　　　　　　C. 大于

14. 锯削管子和薄板料时，应该选择_____锯条。

A. 粗齿　　　　　　B. 中齿　　　　　　C. 细齿

15. 锯削时的锯削速度应该以每分钟往复_____为宜。

A. 20 次以下　　　B. 20~40 次　　　　C. 40 次以上

16. 錾子的楔角越大，其切削部分的_____越高。

A. 硬度　　　　　　B. 强度　　　　　　C. 锋利程度

17. 錾子楔角大小应该根据_____的选择。

A. 工件材料的软硬　B. 工件形状大小

18. 錾削硬材料时，楔角应取_____。

A. 30°~50°　　　B. 50°~60°　　　C. 60°~70°

19. 刃磨錾子时，主要确定_____的大小。

A. 前角　　　　　　B. 楔角　　　　　　C. 后角

20. 錾削时，錾子切入工件太深的原因是_____。

A. 楔角太小　　　　B. 前角太大　　　　C. 后角太大

21. 在工件上錾削沟槽与分割曲线形板料时，应该选用_____。

A. 尖錾　　　　　　B. 扁錾　　　　　　C. 油槽錾

22. 錾削时，最大锤击力的挥锤方法是_____。

A. 手挥　　　　　　B. 臂挥　　　　　　C. 肘挥

23. 细齿锯条在下列材料中适用于_____的锯削。

A. 软材料　　　　　B. 硬材料　　　　　C. 锯削面较宽

24. 在锉削窄而长的平面和修整尺寸时，可选用_____。

A. 推锉法　　　　　B. 顺向锉法　　　　C. 交叉锉法

25. 在锉刀工作面上主要起锉削作用的锉纹是_____。

A. 主锉纹　　　　　B. 辅锉纹　　　　　C. 边锉纹

26. 钳工锉的主锉纹斜角是_____。

A. 45°~52°　　　B. 65°~72°　　　C. 90°

27. 锉刀断面形状的选择主要取决于工件的_____。

A. 锉削表面形状　　B. 锉削表面大小　　C. 工件材料软硬

28. 为使锉削表面光滑，锉刀的锉齿沿锉刀轴线方向应该成_____排列。

A. 不规则　　　　　B. 平行　　　　　　C. 倾斜有规律

29. 对于储存液体或者气体的薄壁结构，如水箱、气罐和油罐等，所采用的铆接方法是_____。

A. 紧密铆接　　　　B. 强密铆接　　　　C. 强固铆接

30. 将两钢板放在同一平面，利用单盖板或者双盖板的铆接形式，称为_____。

A. 搭接　　　　　　B. 角接　　　　　　C. 对接

31. 在铆接过程中，铆钉的直径大小与被连接板的_____有关。

A. 大小　　　　　　B. 厚度　　　　　　C. 硬度

32. 锡焊是_____的一种。

A. 钎焊　　　　　　B. 熔焊　　　　　　C. 压焊

33. 锡焊时应根据_____选用焊剂。

A. 工件大小　　　　B. 烙铁的温度　　　C. 母材的性质

34. 环氧粘结剂属于_____的一种。

A. 有机粘结剂　　　B. 无机粘结剂

35. 弯形有焊缝的管子时，焊缝必须放置于_____位置。

A. 弯形外层　　　　B. 弯形内层　　　　C. 中性层

36. 矫正弯形时，材料产生的冷作硬化可采用_____方法，使弯形恢复到原来的力学性能。

A. 回火　　　　　　B. 淬火　　　　　　C. 调质

37. 只有_____的材料才能进行矫正。

A. 硬度较高　　　　B. 塑性较好　　　　C. 脆性较大

38. 钢板在弯形时，其内层材料会受到_____。

A. 压缩　　　　　　B. 拉伸　　　　　　C. 延展

39. 对于扭曲变形的工料，可以使用_____进行矫正。

A. 弯曲法　　　　　B. 扭转法　　　　　C. 延展法

40. 在材料发生弯形后，其长度不变的一层为_____。

A. 中心层　　　　　B. 中间层　　　　　C. 中性层

41. 弹簧在不受外力作用情况下的高度（或长度）称为_____（或长度）。

A. 工作高度　　　　B. 自由高度　　　　C. 有效高度

42. 钻孔时，钻头绕本身轴线的旋转运动称为_____。

A. 进给运动　　　　B. 主运动　　　　　C. 旋转运动

43. 钻头前角的大小（横刃处除外）与_____有关。

A. 后角　　　　　　B. 顶角　　　　　　C. 螺旋角

44. 刃磨麻花钻时，其刃磨部位是_____。

A. 前刀面　　　　　B. 后刀面　　　　　C. 副后刀面

45. 在钻削黄铜材料过程中，为避免出现扎刀现象，钻头需修磨_____。

A. 前刀面　　　　　B. 主切削刃　　　　C. 横刃

46. 麻花钻横刃在修磨以后，其长度_____。

A. 不变　　　　　　B. 是原来的 1/2　　C. 是原来的 1/5 ~ 1/3

47. 在用压板夹持工件钻孔时，垫铁应该比工件_____。

A. 稍低　　　　　　B. 等高　　　　　　C. 稍高

48. 钻壳体与衬套间的骑缝螺纹底孔时，钻孔中心的样冲眼应该打在_____。

A. 略偏软材料一边　　B. 略偏硬材料一边　　C. 两材料中间

49. 对于钻孔的生产率，_____的影响是相同的。

A. v 和 a_p　　　　B. f 和 a_p　　　　C. v 和 f

50. 对于钻孔表面粗糙度，一般_____的影响大。

A. f 比 v　　　　B. v 比 f　　　　C. a_p 比 v

51. 若钻头后角增大，横刃斜角应_____。

A. 增大　　　　B. 不变　　　　C. 减小

52. 在钻孔时，加入切削液的最主要目的是_____。

A. 润滑作用　　　　B. 冷却作用　　　　C. 清洗作用

53. 孔将要被钻穿时，进给量必须_____。

A. 减小　　　　B. 增大　　　　C. 保持不变

54. 钻床进行一次一级保养，需运转满_____。

A. 500h　　　　B. 1000h　　　　C. 2000h

55. 扩孔加工属于孔的_____。

A. 粗加工　　　　B. 半精加工　　　　C. 精加工

56. 扩孔时切削速度_____。

A. 是钻孔时的1/2　　B. 与钻孔时相同　　C. 是钻孔时的 2 倍

57. 可调节式手铰刀主要用来铰削_____的孔。

A. 非标准　　　　B. 标准系列　　　　C. 寸制系列

58. 在铰孔结束以后，铰刀应该_____退出。

A. 正转　　　　B. 反转　　　　C. 正、反转均可

59. 锥形锪钻按锥角大小可分为 60°、75°、90 ° 和 120°四种，其中使用最多的是_____。

A. 60°　　　　B. 75°　　　　C. 90 °　　　　D. 120°

60. 在简易端面锪钻锪钢件过程中，刀片前角 $\gamma_o =$ _____。

A. 5°～10°　　　　B. 15°～25°　　　　C. 30°以上

61. 丝锥由工作部分和_____组成。

A. 柄部　　　　B. 校准部分　　　　C. 切削部分

62. 机用丝锥的后角 α_o 在_____范围内。

A. 6°～8°　　　　B. 10°～12°　　　　C. 14°～18°

63. 柱形分配丝锥，其头锥、二锥的大径、中径和小径_____。

A. 都比三锥的小　　B. 都与三锥的相同　C. 都比三锥的大

64. 攻制工件台阶旁边或机体内部的螺孔时，可选用_____。

A. 普通铰杠　　　　B. 普通活动铰杠　　C. 固定或活动的丁字铰杠

65. 攻制螺纹前的底孔直径，必须_____螺纹标准中规定的螺纹小径。

A. 小于　　　　B. 大于　　　　C. 等于

66. 攻不通孔螺纹时，底孔深度要_____所需的螺孔深度。

A. 等于　　　　B. 小于　　　　C. 大于

67. 套螺纹时，圆杆直径应_____螺纹大径。

A. 等于　　　　B. 小于　　　　C. 大于

68. 米制普通螺纹的牙型角等于_____。

A. 30°   B. 55°   C. 60°

69. 在承受单向力的设备上，如压力机的螺杆，常采用_____螺纹。

A. 锯齿形   B. 三角形   C. 圆形

70. 螺纹由左往右升高称为_____。

A. 左旋螺纹   B. 右旋螺纹   C. 管螺纹

71. 一般平面细刮刀的楔角 β 为_____。

A. 90°~92.5°   B. 95°左右   C. 97.5°左右   D. 小于 90°

72. 对于刮削的精刮阶段，研磨点要求清晰醒目，可将显示剂涂在_____，这样对刮削较有利。

A. 工件表面上   B. 基准平面上   C. 工件表面和基准平面上

73. 刮削加工平板精度的检查一般用研磨点的数目来表示，以边长为_____的正方形方框罩在被检查面上。

A. 24mm   B. 25mm   C. 50mm   D. 20mm

74. 刮刀的切削部分应具有足够的_____才可进行刮削加工。

A. 强度和刚度   B. 刚度和刃口锋利   C. 硬度和刃口锋利

75. 刮削前的余量根据工件刮削面积的大小来定，常在_____ mm 之间。

A. 0.05~0.4   B. 0.4~1   C. 0.01~0.05

76. 刮削加工时，会形成均匀微浅的凹坑，其属于_____加工。

A. 粗加工   B. 精加工   C. 半精加工

77. 使用三块平板互研互刮的方法，刮削成精密平板，这种平板称为_____平板。

A. 标准   B. 基准   C. 原始

78. 刮削常用的显示剂红丹粉常用于_____工件。

A. 精密   B. 铝合金   C. 铜合金   D. 铸铁和钢制

79. 对刮削面进行粗刮，应采用_____法。

A. 点刮   B. 短刮   C. 长刮

80. 在刮削内孔时，接触点的合理分布应为_____。

A. 均匀分布   B. 中间少两端多   C. 中间多两端少

81. 细刮整个刮削面后，每边长为 25mm 的正方形面积内应达到_____研磨点，细刮即告结束。

A. 3~4 个   B. 20 个以上   C. 12~15 个

82. 研磨经淬硬的钢制零件时，一般采用_____材料作为研具。

A. 淬硬钢   B. 低碳钢   C. 灰铸铁   D. 铝

83. 常用研磨工具（研具）的材料硬度应_____被研磨零件。

A. 稍高于   B. 稍低于   C. 相同于   D. 远大于

84. 在研磨淬硬的钢制零件时，应选用_____作为磨料。

A. 刚玉类   B. 碳化物   C. 金刚石   D. 氧化铁

85. 在研磨外圆柱面过程中，使用的研磨环内径应比工件的外径_____ mm。

A. 略小 0.025~0.05   B. 略大 0.025~0.05

C. 略小 0.05 ~ 0.10   D. 略大 0.05 ~ 0.10

86. 用研磨环研磨外圆柱面时，其往复运动速度若_____，会影响工件的精度和耐磨性。

A. 太快   B. 太慢   C. 太快或太慢   D. 适中

87. 研磨余量的大小，可根据_____来考虑。

A. 零件的耐磨性   B. 材料的硬度   C. 研磨前预加工精度的高低

88. 工件的表面粗糙度值要求最小时，一般采用_____加工。

A. 精车   B. 磨削   C. 研磨   D. 刮削

89. 对工件平面进行精研加工，应将工件放在_____平板上。

A. 无槽   B. 有槽   C. 光滑

90. 研磨有台阶的狭长平面常采用_____研磨运动轨迹。

A. 螺旋式   B. 8 字形或仿 8 字形

C. 直线   D. 摆动式直线

91. 在同类型零件中，任取一个装配零件不经修配即可装入部件中，都能达到规定的装配要求，这种装配方法叫_____。

A. 完全互换法   B. 选配法   C. 调整法   D. 修配法

92. 在研磨小平面工件时，一般都采用_____研磨运动轨迹。

A. 螺旋式   B. 8 字形或仿 8 字形

C. 直线   D. 摆动式直线

93. 分组选配法是将一批零件逐一测量后，按_____的大小分成若干组。

A. 公称尺寸   B. 极限尺寸   C. 实际尺寸

94. 在装配中，以改变产品中可调整零件的相对位置或选用合适的调整件，来达到装配精度的方法，称为_____。

A. 互换法   B. 选配法   C. 调整法   D. 修配法

95. 在装配时，修去指定零件上预留的修配量，以达到装配精度的方法，称为_____。

A. 互换法   B. 选配法   C. 调整法   D. 修配法

96. 在装配前，必须认真地做好对装配零件的清理以及_____工作。

A. 修配   B. 调整   C. 清洗   D. 去毛刺

97. 尾座套筒的前端有一对夹紧块，其与套筒的接触面积应大于_____才能可靠地工作。

A. 30%   B. 50%   C. 70%   D. 90%

98. 由于化学和摩擦等因素的长期作用，而造成机械设备的损坏称为_____。

A. 事故损坏   B. 摩擦损坏   C. 自然损坏

99. 机械设备的二级保养、小修、中修和大修属于_____修理工作。

A. 定期性计划   B. 不定期计划   C. 维护保养

100. 以机修工人为主，操作工人为辅进行的定期计划修理工作，称为_____。

A. 小修   B. 二级保养   C. 大修   D. 中修

101. 对机械设备进行周期性的彻底检查以及恢复性的修理工作，这种方式称为_____。

A. 小修   B. 中修   C. 二级保养   D. 大修

102. 为了达到可靠紧固的目的，螺纹连接必须保证螺纹副具有一定的_____。

A. 摩擦力矩　　　　B. 拧紧力矩　　　　C. 预紧力

103. 双螺母锁紧属于_____防松装置。

A. 附加摩擦力　　　B. 机械　　　　　　C. 冲点

104. 利用开口销与带槽螺母锁紧属于_____防松装置。

A. 附加摩擦力　　　B. 机械　　　　　　C. 冲点　　　　　D. 粘接

105. 紧键连接中的一种是锲键，它能传递转矩和承受_____。

A. 单向径向力　　　B. 单向轴向力　　　C. 双向径向力　　D. 双向轴向力

106. 平键连接是靠键槽与平键的_____接触传递转矩的。

A. 上平面　　　　　B. 下平面　　　　　C. 两侧面　　　　D. 上、下平面

107. 滑移齿轮与外花键的连接，为了得到较高的定心精度，常采用_____。

A. 小径定心　　　　B. 大径定心　　　　C. 键侧定心　　　D. 大、小径定心

108. 标准圆锥销具有_____的锥度。

A. 1∶60　　　　　B. 1∶30　　　　　C. 1∶15　　　　D. 1∶50

109. 管道装置分_____连接和可拆卸连接两种。

A. 不可拆卸　　　　B. 可调节　　　　　C. 可焊接　　　　D. 可定位

110. 过盈配合装配是依靠配合面_____产生的摩擦力来传递力矩的。

A. 推力　　　　　　B. 载荷力　　　　　C. 压力　　　　　D. 静力

111. 圆锥面过盈配合的装配方法是_____。

A. 热装法　　　　　B. 冷装法　　　　　C. 压装法　　　　D. 用螺母压紧圆锥面法

112. V带传动机构是依靠带与带轮之间的_____来传递运动和动力的。

A. 摩擦力　　　　　B. 张紧力　　　　　C. 拉力　　　　　D. 圆周力

113. 在V带传动机构装配过程中，要求两轮的中间平面重合，因此要求其倾斜角不超过_____。

A. 10°　　　　　　B. 5°　　　　　　C. 0.1°　　　　D. 1°

114. 带轮工作表面的表面粗糙度值常为_____μm。

A. $Ra1.6$　　　　B. $Ra3.2$　　　　C. $Ra6.3$　　　D. $Ra0.8$

115. V带传动机构中，带轮上的包角不能小于_____，否则容易打滑。

A. 60°　　　　　　B. 80°　　　　　　C. 120°　　　　D. 100°

116. 安装新传动带时，最初的张紧力需为正常张紧力的_____倍。

A. 1　　　　　　　B. 2　　　　　　　C. 1.5　　　　　D. 2.5

117. V带的张紧程度一般规定在测量载荷W作用下，带与两轮切点跨距中每100mm的长度，使中点产生_____mm挠度为宜。

A. 5　　　　　　　B. 3　　　　　　　C. 1.6　　　　　D. 2

118. 调整张紧力的方法是_____。

A. 变换带轮尺寸　　B. 加强带的初拉力　C. 改变两轴中心距

119. 当两链轮的中心距小于500mm时，允许的轴向偏移量_____mm。

A. ≤1　　　　　　B. ≥1　　　　　　C. ≤2　　　　　D. ≥2

120. 若链节数为偶数，采用弹簧卡片，则_____。

A. 开口端方向与链速度方向一致　　　　B. 开口端方向与链速度方向相反

C. 开口端方向可以是任何方向

121. 链轮的装配质量是用_____来衡量的。

A. 径向圆跳动误差　　B. 轴向圆跳动误差　　C. 径向圆跳动误差和轴向圆跳动误差

122. 对分度机构中齿轮副的主要要求是_____。

A. 传递运动的准确性　　　　　　　　B. 传动平稳性

C. 齿面承载的均匀性

123. 对在重型机械上传递动力的低速重载齿轮副，其主要要求是_____。

A. 传递运动的准确性　　　　　　　　B. 传动平稳性

C. 齿轮承载的均匀性

124. 直齿圆柱齿轮装配以后，发现接触斑点单面偏接触，其主要原因是_____。

A. 两齿轮轴线不平行　　　　　　　　B. 两齿轮轴线歪斜且不平行

C. 两齿轮轴线歪斜

125. 锥齿轮装配后，在无载荷时，齿轮的接触表面应_____。

A. 靠近齿轮的小端　　B. 在中间　　　　C. 靠近齿轮的大端

126. 蜗轮箱装配后，蜗轮、蜗杆的接触斑点精度是靠移动_____的位置来达到的。

A. 蜗轮轴向　　　　B. 蜗杆径向　　　　C. 蜗杆轴向　　　　D. 蜗轮径向

127. 一对正常啮合的中等精度等级的齿轮，其接触斑点在轮齿高度上应不少于_____。

A. 30% ~ 50%　　　　B. 40% ~ 50%　　　　C. 30% ~ 60%　　　　D. 50% ~ 70%

128. 测量齿轮副侧隙的方法有_____两种。

A. 涂色法和压熔丝法　　　　　　　　B. 涂色法和用百分表检验法

C. 压熔丝法和用百分表检验法

129. 锥齿轮啮合质量的检验，应包括_____的检验。

A. 侧隙和接触斑点　　B. 侧隙和圆跳动　　C. 接触斑点和圆跳动

130. 联轴器装配的主要技术要求是应保证两轴的_____。

A. 垂直度　　　　　　B. 同轴度　　　　　C. 平行度

131. 动压润滑轴承工作过程中，为了平衡轴的载荷使轴浮在油中，必须_____。

A. 有足够的供油压力　　　　　　　　B. 有一定的压力差

C. 使轴有一定的旋转速度

132. 动压润滑轴承是指运转时_____的滑动轴承。

A. 混合润滑　　　　　B. 纯液体摩擦　　　C. 平摩擦

133. 滚动轴承基本代号的排列顺序是_____。

A. 尺寸序列代号、类型代号、内径代号　　B. 内径代号、尺寸序列代号、类型代号

C. 类型代号、尺寸系列代号、内径代号

134. 滚动轴承公称内径用除以 5 的商数表示的内径范围为_____。

A. 10 ~ 17mm　　　　B. 17 ~ 480mm　　　C. 20 ~ 480mm

135. 滚动轴承中轴与内径的配合为_____。

A. 基孔制　　　　　　B. 基轴制　　　　　C. 非基准制

136. 滚动轴承外壳孔与外径的配合应为_____。

A. 基孔制　　　　　　B. 基轴制　　　　　　C. 非基准制

137. 滚动轴承内径的偏差是_____。

A. 正偏差　　　　　　B. 负偏差　　　　　　C. 正、负偏差

138. 皮碗式密封属于_____密封装置。

A. 接触式　　　　　　B. 非接触式　　　　　C. 间隙式

139. 迷宫式密封属于_____密封装置。

A. 接触式　　　　　　B. 非接触式　　　　　C. 间隙式

140. 滚动轴承游隙分为_____和_____游隙两类。

A. 原始、配合　　　B. 配合、工作　　　C. 径向、轴向　　　D. 原始、工作

141. 滚动轴承的配合游隙_____原始游隙。

A. 大于　　　　　　　B. 等于　　　　　　　C. 小于

142. 皮碗式密封装置适用于密封处圆周速度不超过_____m/min 的场合。

A. 3　　　　　　　　B. 5　　　　　　　　C. 7　　　　　　　　D. 10

143. 皮碗式密封用于防止漏油时，密封唇应_____。

A. 向着轴承　　　　　B. 背着轴承　　　　　C. 紧靠轴承

144. 装配剖分式滑动轴承时，为了满足配合要求，轴瓦的剖分面应比轴承体的剖分面_____。

A. 低一些　　　　　　B. 一致　　　　　　　C. 高一些

145. 在装配推力球轴承过程中，紧环应该安装在_____的那个方向。

A. 静止平面　　　　　B. 转动平面　　　　　C. 紧靠轴肩

146. 在装配滚动轴承时，轴颈或壳体孔台肩处的圆弧半径应_____轴承的圆弧半径。

A. 大于　　　　　　　B. 小于　　　　　　　C. 等于

147. 在装配滚动轴承时，轴上的全部轴承内、外圈的轴向位置应该_____。

A. 有一个轴承的外圈不固定　　　　　B. 全部固定

C. 都不固定

148. 黄色凝胶状的润滑剂称为_____。

A. 润滑油　　　　　　B. 润滑脂　　　　　　C. 固体润滑剂

149. 滚动轴承采用定向装配法是为了减小轴的_____，从而提高主轴的旋转精度。

A. 同轴度误差　　　B. 轴向圆跳动量　　　C. 径向圆跳动量

150. 轴是机械中的重要零件，轴本身的精度高低将直接影响旋转件的运转质量，所以其精度一般都控制在_____mm 以内。

A. 0.02　　　　　　　B. 0.05　　　　　　　C. 0.01

二、判断题（将判断结果填入括号中，正确的填"√"，错误的填"×"，共计150题）

151. （　）游标卡尺两量爪贴合的前提是游标和尺身的零线对齐。

152. （　）不同精度要求的零件均可用游标卡尺测量。

153. （　）游标卡尺游标上的刻线和尺身刻线间距均为 1mm。

154. （　）若测微螺杆移动 1mm，则千分尺活动套管转一周。

155. （ ） 0~25mm 千分尺放置时两测量面之间必须间隔一定的距离。

156. （ ） 界限量规包括塞尺。

157. （ ） 千分尺上限制测量力大小的部位为棘轮。

158. （ ） 平面对水平或垂直位置的误差用水平仪来测量。

159. （ ） 用台虎钳装夹工件时，可通过套上长管子扳紧手柄来增大夹紧力。

160. （ ） 使作用力朝向固定钳身对在台虎钳上进行强力作业有利。

161. （ ） 复杂零件的划线等同于立体划线。

162. （ ） 通过划线借料可补救毛坯件的误差。

163. （ ） 选择两个划线基准的是立体划线，选择一个划线基准的是平面划线。

164. （ ） 划线时的基准平面为划线平板平面。

165. （ ） 为使划线清晰，划线前应在工件划线部位涂上较厚的涂料。

166. （ ） 甲紫、虫胶漆和酒精是划线蓝油的原材料。

167. （ ） 划线是零件加工的第一步。

168. （ ） 确定基准是划线的开始。

169. （ ） 对工件的加工余量进行调整和恰当分配即划线的借料。

170. （ ） 利用分度线划线，当手柄转数不是整数时，可利用分度叉进行分度。

171. （ ） 锯削时，两端安装孔的中心距为锯条长度。

172. （ ） 锯条反装会引起楔角发生变化，从而导致锯削不能正常进行。

173. （ ） 起锯角越小对起锯越有利。

174. （ ） 根据工件材料性质及锯削面宽窄来确定锯条的粗细。

175. （ ） 锯条有了锯路，使工件上锯条背部厚度小于锯缝宽度。

176. （ ） 固定式锯弓可安装多种规格的锯条。

177. （ ） 錾子的切削部分只要制成楔形，就能进行錾削。

178. （ ） 錾削时，錾子被握持的位置决定了錾子后角的大小。

179. （ ） 在砂轮上刃磨錾子时，砂轮中心必须高于錾子。

180. （ ） 錾子热处理时，提高硬度对其有利。

181. （ ） 尖錾切削刃两端的侧面有倒锥。

182. （ ） 錾子热处理即对錾子进行淬火。

183. （ ） 当錾削距尽头 10mm 左右时，应掉头錾去余下部分。

184. （ ） 两手对锉刀施加的压力保持不变是锉削能顺利完成的保障。

185. （ ） 62~67HRC 是锉刀较适宜的硬度。

186. （ ） 为使锉削面得到正直的锉痕，比较整齐美观，宜采用顺向锉法。

187. （ ） 被主锉纹覆盖的锉纹是主锉纹。

188. （ ） 单锉纹刀适合锉削软材料。

189. （ ） 在同一锉刀上，辅锉纹斜角与主锉纹斜角相等。

190. （ ） 锉刀编号依次由类别代号、型式代号、规格和锉纹号组成。

191. （ ） 强密铆接适用于桥梁、屋架、车辆等需要承受强大作用力和要求可靠连接强度的铆接。

192. （ ） 角接即两钢板互相垂直或组成一定角度的铆接。

193. （　）一般情况下，铆钉直径为板厚的 1.8 倍。

194. （　）铆接件总厚度加上铆钉直径等于半圆头铆钉杆的长度。

195. （　）铆钉直径小于 8mm 时采用冷铆。

196. （　）温度越高，用烙铁锡焊越好。

197. （　）母材材料性质是锡焊时选用焊剂的依据。

198. （　）强度较低，但耐高温是有机粘结剂的特点。

199. （　）连接越粗糙，使用无机粘结剂的效果越好。

200. （　）金属材料都能进行弯形和矫正。

201. （　）冷硬现象即在冷加工塑性变形过程中产生的材料变硬现象。

202. （　）弯形是对金属材料进行塑性变形。

203. （　）当中间纤维比四周短时，表明薄板料中间有凸起。

204. （　）冷弯法可用于管子直径大于 12mm 的弯形。

205. （　）管内灌满干砂可用于直径大于 10mm 的管子的弯形。

206. （　）钻头主切削刃上的后角在中心处最小，越远离中心则越大。

207. （　）钻孔时为提高孔的表面质量可添加切削液。

208. （　）钻孔属于粗加工。

209. （　）对于钻头的顶角，钻软材料时应比钻硬材料时选得小些。

210. （　）钻头直径越大，螺旋角越小。

211. （　）标准麻花钻的横刃斜角等于 $50° \sim 55°$。

212. （　）Z525 型钻床的最大钻孔直径为 50mm。

213. （　）钻床的一级保养，以操作者为主，维修人员配合。

214. （　）当钻孔要钻穿时，进给量必须减小。

215. （　）切削速度、进给量和背吃刀量统称切削用量。

216. （　）钻头每分钟的转数即钻削速度。

217. （　）钻头直径即钻心。

218. （　）钻头前角大小与螺旋角有关（横刃处除外），前角越大，则表明螺旋角越大。

219. （　）刃磨钻头的砂轮，其硬度为中软级。

220. （　）柱形锪钻的主切削刃是外圆上的切削刃，起主要切削作用。

221. （　）柱形锪钻的前角是螺旋角。

222. （　）修磨钻头横刃时，长度越短越好。

223. （　）在钻头后开分屑槽，可改变钻头后角的大小。

224. （　）先停机再退刀是机铰结束时的步骤。

225. （　）铰刀的齿距在圆周上都是不均匀分布的。

226. （　）带有键槽的圆柱孔可用螺旋形手铰刀加工。

227. （　）铰削定位销孔时选用 1:30 的圆锥铰刀。

228. （　）铰孔时为使铰后的表面更加光洁，应使铰削余量更小。

229. （　）螺旋线是螺纹的基准线。

230. （　）螺纹的导程即多线螺纹的螺距。

231. （　　）螺纹公差带和旋合长度组成螺纹的精度。

232. （　　）螺纹旋合长度包括长旋合长度和短旋合长度两种。

233. （　　）右螺纹即逆时针方向旋转时旋入的螺纹。

234. （　　）牙型角为60°的螺纹是米制普通螺纹。

235. （　　）大径为16mm，螺距为1mm的细牙普通螺纹的表示方法是 M16×1。

236. （　　）手用丝锥的 $\alpha_o = 10° \sim 12°$。

237. （　　）机攻螺纹时，丝锥的校准部分若全部出头，则会在退出时造成螺纹烂牙。

238. （　　）由于板牙只在单面制成切削部分，故板牙只能单面使用。

239. （　　）攻螺纹前，螺纹标准中规定的螺纹小径应不大于的底孔直径。

240. （　　）圆杆顶端应倒角15°～20°方可套螺纹。

241. （　　）刮削韧性材料用的平面刮刀，其楔角应不小于90°。

242. （　　）刮削平板时，若不沿一个方向进行刮削，则会造成刀迹紊乱，降低刮削表面质量。

243. （　　）精刮刀和细刮刀的切削刃都呈圆弧形，但细刮刀的圆弧半径较小。

244. （　　）精刮时，显示剂应调得稀些；粗刮时，显示剂应调得干些。

245. （　　）刮削后的表面若有微浅的凹坑，则会影响工件的表面质量。

246. （　　）刮削内曲面时，刮刀的切削运动是螺旋运动。

247. （　　）轴瓦刮好后，接触点的合理分布应该是两端比中间部分研磨点少。

248. （　　）精刮时应采用点刮法，细刮时则应采用长刮法。

249. （　　）刮削原始平面时，对角刮削有利于消除平面的扭曲现象。

250. （　　）刮削前的余量是根据工件刮削面积大小而定的，面积小则余量小些，反之则余量可大些。

251. （　　）原始平板采用正研的方法进行刮削，若任取两块合研都无凹凸现象，则符合平板的刮削要求。

252. （　　）通过刮刀负前角的推挤和压光作用，刮削加工能得到较小的表面粗糙度值。

253. （　　）研具的材料若比工件材料软，则其几何精度不易保持，从而会影响研磨精度。

254. （　　）研磨时，加大研磨压力可减小工件表面粗糙度值。

255. （　　）刚玉类磨料的硬度低于碳化物磨料的硬度。

256. （　　）直线研磨运动轨迹不但可得到较小的表面粗糙度值，还能获得较高的几何精度。

257. （　　）研磨为精加工，能得到精确的尺寸、精确的几何精度和极低的表面粗糙度值。

258. （　　）研磨的工作原理是通过化学作用除去零件表层金属。

259. （　　）研磨外圆柱面时，研磨套往复运动轨迹形成的网纹交叉线应为45°。

260. （　　）通过加入研磨液，在研磨加工过程中可起到调和磨料、冷却和润滑的作用。

261. （　　）装配工作包括装配前的准备、部装、总装、调整、检验和试机。

262. （　　）在组成件数少、精度要求不高的装配中，适合采用完全互换法。

263. （　　）部装即把零件和部件装配成最终产品。

264. （　　）采用分组选配装配时，只要增加分组数便可以提高装配精度。

265. （   ）修配装配法对零件的加工精度要求较高。

266. （   ）大修、小修和一级保养为定期性的计划修理工作形式。

267. （   ）在正常使用条件下，由于摩擦和化学等因素的长期作用而逐渐产生的损坏为自然损坏。

268. （   ）操作工人对机械设备进行的日常维护保养工作即二级保养。

269. （   ）螺纹连接是一种可拆的固定连接。

270. （   ）按照大径或小径配合性质不同，螺纹连接可分为过渡配合、间隙配合和普通配合三种。

271. （   ）安装楔键时，使键侧和键槽有少量过盈是保证传递转矩的必要条件。

272. （   ）花键配合的定心方式，在一般情况下都采用外径定心。

273. （   ）通过平键的上表面与轮壳槽底面接触传递转矩即平键连接。

274. （   ）销连接在机械中起定位连接或紧固作用。

275. （   ）弹簧垫圈属于机械方法防松。

276. （   ）圆锥的规格包括小端直径与长度。

277. （   ）管道连接都是可拆卸的连接。

278. （   ）圆柱面过盈连接，一般应选择其最小过盈等于或稍大于连接所需的最大过盈。

279. （   ）连接件产生弹性变形是过盈连接的工作原理。

280. （   ）过盈量较小的配合宜采用冷装法。

281. （   ）V带传动中，动力的传递是依靠张紧在带轮上的带与带轮之间的摩擦力来实现的。

282. （   ）V带装配时，为了增加摩擦力，必须使V带底面和两侧面都接触轮槽。

283. （   ）张紧力是保证传递功率的大小的，张紧力越小，传递的功率越小，传递效率越低。

284. （   ）链条的下垂量可反映链条装配后的松紧程度，太松或太紧都不恰当。

285. （   ）传动带在带轮上的包角若太大，则容易打滑。

286. （   ）为保证传递运动的准确性，必须保证分度机构中齿轮传动的装配技术要求得以实施。

287. （   ）齿轮与轴为锥面配合，其装配后，轴端与齿轮端面应紧贴。

288. （   ）为了提高接触精度，减小噪声，齿轮传动机构装配后应进行跑和。

289. （   ）齿轮传动可用来改变转速的大小和方向，把转动变为移动，传递运动和转矩。

290. （   ）安装新传动带时，正常的张紧力应比最初的张紧力大些。

291. （   ）装配套筒滚子链时，不宜使用奇数链节。

292. （   ）接触精度是齿轮的一项制造精度，与装配无关。

293. （   ）蜗轮齿面上的正确接触斑点位置应在中部稍偏蜗杆的旋出方向。

294. （   ）蜗杆传动的效率较高，发热小时不需要进行良好的润滑。

295. （   ）带轮的径向圆跳动和轴向圆跳动量是衡量传动带轮在轴上安装得正确与否的标准。

296. （　）齿轮在转动一周中的最大转角误差即齿轮传动中的运动精度。

297. （　）齿轮传动的特点包括能保证一定的瞬时传动比，传动准确可靠，并有过载保护作用。

298. （　）传动带传动的主要特点是能实现过载保护和能适应两轴中心距较大的传动。

299. （　）联轴器在工作时具有分离和接合的作用。

300. （　）离合器可以作为在起动或过载时控制传递转矩大小的安全保护装置。

简单机械零部件手工制作理论模拟题答案

一、单项选择题

1. B	2. A	3. C	4. C	5. B	6. A	7. B	8. C	9. C	10. C
11. B	12. A	13. C	14. C	15. B	16. B	17. A	18. C	19. C	20. B
21. A	22. B	23. B	24. A	25. A	26. B	27. A	28. C	29. A	30. C
31. B	32. A	33. C	34. A	35. C	36. A	37. B	38. A	39. B	40. C
41. B	42. B	43. C	44. B	45. A	46. C	47. C	48. B	49. C	50. A
51. C	52. B	53. A	54. A	55. B	56. A	57. C	58. B	59. A	60. B
61. A	62. B	63. A	64. C	65. B	66. C	67. B	68. C	69. B	70. B
71. B	72. B	73. B	74. C	75. A	76. B	77. C	78. D	79. C	80. B
81. C	82. C	83. B	84. A	85. B	86. C	87. C	88. C	89. C	90. C
91. A	92. A	93. C	94. C	95. D	96. C	97. C	98. C	99. A	100. B
101. D	102. A	103. A	104. B	105. B	106. C	107. B	108. D	109. A	110. C
111. D	112. A	113. D	114. C	115. C	116. C	117. C	118. C	119. C	120. B
121. C	122. A	123. C	124. B	125. A	126. A	127. D	128. C	129. A	130. B
131. C	132. B	133. C	134. C	135. C	136. C	137. A	138. A	139. B	140. C
141. C	142. C	143. A	144. C	145. C	146. B	147. A	148. B	149. C	150. A

二、判断题

151. √	152. ×	153. ×	154. √	155. ×	156. √	157. √	158. √	159. ×	160. √
161. ×	162. √	163. √	164. √	165. ×	166. √	167. ×	168. √	169. √	170. ×
171. √	172. ×	173. √	174. √	175. √	176. ×	177. √	178. √	179. √	180. √
181. √	182. √	183. √	184. √	185. √	186. √	187. √	188. √	189. √	190. √
191. ×	192. √	193. √	194. √	195. √	196. ×	197. √	198. ×	199. √	200. ×
201. √	202. √	203. √	204. √	205. √	206. √	207. √	208. √	209. √	210. √
211. √	212. √	213. √	214. √	215. √	216. √	217. ×	218. √	219. √	220. ×
221. √	222. ×	223. √	224. √	225. √	226. ×	227. √	228. √	229. √	230. ×
231. √	232. √	233. √	234. √	235. √	236. √	237. √	238. √	239. √	240. √
241. ×	242. ×	243. √	244. √	245. √	246. √	247. √	248. √	249. √	250. √
251. ×	252. √	253. √	254. √	255. √	256. √	257. √	258. √	259. √	260. √
261. √	262. √	263. ×	264. √	265. ×	266. √	267. √	268. √	269. √	270. ×
271. ×	272. √	273. ×	274. ×	275. ×	276. √	277. ×	278. ×	279. √	280. √

281. √ 282. × 283. × 284. √ 285. × 286. √ 287. × 288. √ 289. √ 290. ×
291. √ 292. × 293. √ 294. × 295. × 296. √ 297. √ 298. √ 299. × 300. √

5.2 技能训练

5.2.1 制作鸭嘴锤

1. 图样

鸭嘴锤零件图如图 5-1 所示，材料为 45 钢方钢，毛坯尺寸为 25mm×25mm×120mm。

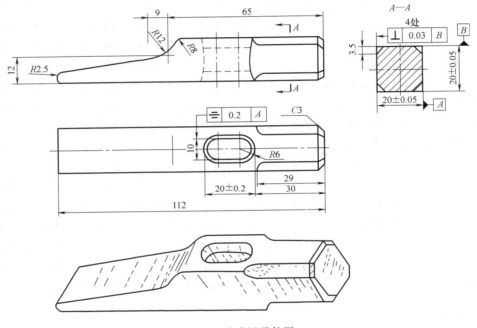

图 5-1　鸭嘴锤零件图

2. 考核要求

1）合理选择工具、量具。

2）熟练掌握划线、锯削、锉削、钻孔的操作方法。

3）钻 ϕ9.8mm 孔时，孔径不能有明显扩大现象。

4）锉腰形孔时，应先锉两侧平面，后锉两端圆弧面。

5）R12mm、R8mm 圆弧面的连接要光滑、美观。

6）零件的尺寸精度、位置精度和表面粗糙度应达到零件图的要求。

3. 操作步骤

1）检验毛坯的尺寸，选择基准。

2）锉削基准面，即锉平 25mm×25mm 一端面和一大平面，并使两基准面垂直。

3）以两个基准面为划线基准，划出零件的主要轮廓加工线（留出精加工余量）；按划线在 R12mm 处钻 ϕ5mm 孔，锯削斜面，留出锉削加工余量。

4）锉削各个大平面，达到零件图的要求；用半圆锉锉削 $R12\text{mm}$ 圆弧面，用扁锉锉削斜面与 $R8\text{mm}$ 圆弧面，达到零件图的要求；划出倒角、倒棱、钻孔加工线（钻孔处打样冲眼）。

5）锉削 $C3.5\text{mm}$ 倒角和 4 个倒棱面，达到零件图要求；用台式钻床钻两个 $\phi9.8\text{mm}$ 的孔；用圆锉锉通两孔，然后锉削腰形孔，达到零件图要求；锉削 $R2.5\text{mm}$ 圆头，并保证工件总长为 112mm。

6）检验零件的尺寸精度、几何精度；用砂布打光各加工面。

制作鸭嘴锤的设备、材料、工具、量具见表 5-1。

表 5-1 制作鸭嘴锤的设备、材料、工具、量具

名称	规格和型号	单位	数量	备注
台虎钳	125mm	台	1	每人 1 台
台式钻床	Z512	台	1	公用
游标卡尺	0～125mm	把	1	每人 1 把
高度游标卡尺	0～125mm	把	1	每人 1 把
样冲	自制	个	1	每人 1 个
锤子	0.25kg	把	1	每人 1 把
划针	自制	个	1	每人 1 个
钢直尺	200mm	把	1	每人 1 把
直角尺	100mm×63mm	把	1	每人 1 把
扁锉	300mm	把	1	每人 1 把
半圆锉	200mm	把	1	每人 1 把
手锯	可调式	把	1	每人 1 把
钻头	$\phi9.8\text{mm}$、$\phi5\text{mm}$	个	各 10	公用
颜料	紫蓝色	瓶	1	公用
45 钢方钢	25mm×25mm×120mm	块	1	每人 1 块

4. 评分表（见表 5-2）

表 5-2 制作鸭嘴锤评分表

序号	考核项目	分值	评分标准	检验结果	扣分	得分
1	操作姿势正确、动作规范	8	一处不正确扣 2 分			
2	工具、量具选择正确	8	一处不正确扣 2 分			
3	工件安装正确	8	一处不正确扣 4 分			
4	零件的尺寸公差、几何公差	30	一处超差扣 5 分			
5	$Ra \leq 3.2\mu\text{m}$	10	一处超差扣 2 分			
6	$R12\text{mm}$、$R8\text{mm}$ 圆弧面连接光滑	10	一处不光滑扣 5 分			
7	$R2.5\text{mm}$ 圆弧圆滑	8	一处不光滑扣 4 分			
8	倒角、倒棱清晰	8	一处不正确扣 4 分			
9	安全文明生产	10	违规一次扣 5 分			

5.2.2 方槽角度配对

1. 图样（图 5-2）

2. 考核要求

1）所有尺寸公差和几何公差符合图样要求。

2）各处的表面粗糙度符合图样要求。

3）组合尺寸（65±0.02）mm 达到要求。

4）配合间隙为 0.08mm。

5）外形错位为 0.05mm。

6）图样标注的三个 a 之间的误差为 0.15mm。

7）工时定额 5h。

8）安全文明生产。

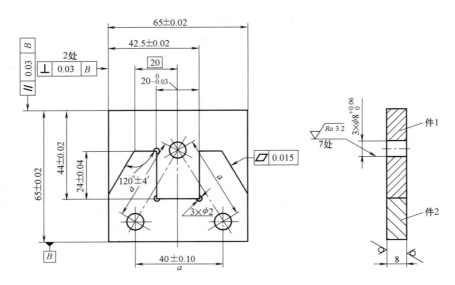

技术要求

1. 件2按件1配作，锐边倒圆R0.3。
2. 配合（翻转180°配合）间隙0.08。
3. 外形（翻转180°外形）错位0.05。
4. 三个a的误差为0.15。

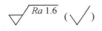

图 5-2　方槽角度配对零件图

3. 评分表（见表 5-3）

表 5-3　方槽角度配对评分表

考核项目	考核内容	考核要求	配分	评分标准	扣分	得分
主要项目	间隙配合	≤0.08mm	20			
	外形错位	≤0.05mm	6	超差 0.02mm 以上不得分		
	三个孔的尺寸精度	$3×\phi 8^{+0.06}_{0}$ mm	6	超差不得分		
	角度公差	120°±4′	5	超差不得分		
	尺寸精度	（65±0.02）mm	5	超差不得分		
	尺寸精度	（42.5±0.02）mm	4	超差不得分		
	尺寸精度	$20^{0}_{-0.03}$ mm	4	超差不得分		
	尺寸精度	（24±0.04）mm	4	超差不得分		
	平行度公差	0.03mm	4	超差不得分		
	$\phi 8$mm 孔的表面粗糙度	Ra3.2μm	3	超差不得分		

（续）

考核项目	考核内容	考核要求	配分	评分标准	扣分	得分
一般项目	尺寸精度	(65±0.02)mm(2处)	4	超差不得分		
	尺寸精度	(44±0.02)mm	3	超差不得分		
	尺寸精度	三个 a 的误差0.15mm	3	超差不得分		
	垂直度公差	0.03mm(2处)	6	超差不得分		
	平面度公差	0.015mm(7处)	7	超差不得分		
	尺寸精度	(40±0.10)mm(3处)	6	超差不得分		
	表面粗糙度	$Ra1.6\mu m$(6处)	10	超差不得分		
安全文明生产	1. 按国家颁发的有关法规或行业(企业)的规定 2. 按行业(企业)自定的有关规定			扣分不超过10分		
工时定额	5h			根据超工时定额情况扣分		

5.2.3 制作等分定位块

1. 图样（图5-3）

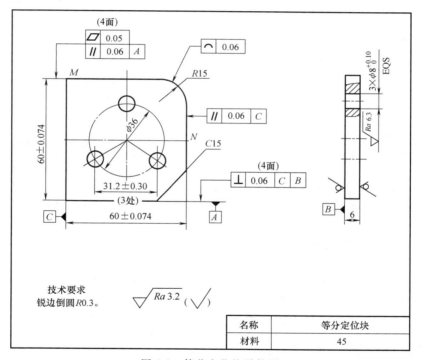

图5-3 等分定位块零件图

2. 考核要求

1）尺寸公差、几何公差及表面粗糙度值达到图样要求。

2）锯削面应一次完成，不准修锉。

3）不准用砂布打光加工表面。

4）工时定额4h。

5）安全文明生产。安全操作；合理使用工具、辅具、量具；工作环境整洁。

3. 评分表（见表 5-4）

表 5-4　制作等分定位块评分表

考核项目	考核内容	考核要求	配分	评分标准	扣分	得分
主要项目	尺寸精度	(60 ± 0.074)mm	16	每处超差扣 8 分		
	表面粗糙度	$Ra3.2\mu m$	4	大于 $Ra6.3\mu m$ 不得分		
	尺寸精度	(31.2 ± 0.30)mm	18	每处超差扣 6 分		
	尺寸精度	$\phi8^{+0.10}_{0}$mm	6	每处超差扣 2 分		
	表面粗糙度	$Ra6.3\mu m$	3	每处超差扣 1 分		
	平面度公差	0.05mm	16	每处超差扣 4 分		
	M 边平行度公差	0.06mm	8	超差不得分		
	N 边平行度公差	0.06mm	8	超差不得分		
一般项目	四周面垂直度公差	0.06mm	8	每处超差扣 2 分		
	$R15$ 线轮廓度公差	0.06mm	6			
	表面粗糙度	$Ra3.2\mu m$	2			
	尺寸精度	$C15$	4			
	表面粗糙度	$Ra3.2\mu m$	1			
	未列尺寸及表面粗糙度			每超差一处扣 1 分		
	外观			有毛刺、损伤、畸形等扣 1~5 分，未加工或严重畸形另扣 5 分		
安全文明生产	1. 国家颁布的安全生产法规或行业（企业）的规定	1. 达到有关规定的标准		1. 按违反有关规定程度扣 1~5 分		
	2. 企业有关文明生产规定	2. 周围场地整洁，工具、量具、夹具、零件摆放合理		2. 按不整洁和不合理程度扣 1~5 分		
工时定额	4h			超过定额小于 10min 扣 4 分；超 10~30min 扣 10 分；超过 30min 不计分		

5.2.4　梯形台对配

1. 图样（图 5-4）

2. 考核要求

1）各项尺寸公差符合图样要求。

2）各处的表面粗糙度符合图样要求。

3）平行度误差和对称度误差符合图样要求。

4）件 1 和件 2 的配合间隙为 0.08mm（包括翻转 180°）。

5）工时定额 5h。

6）安全文明生产。

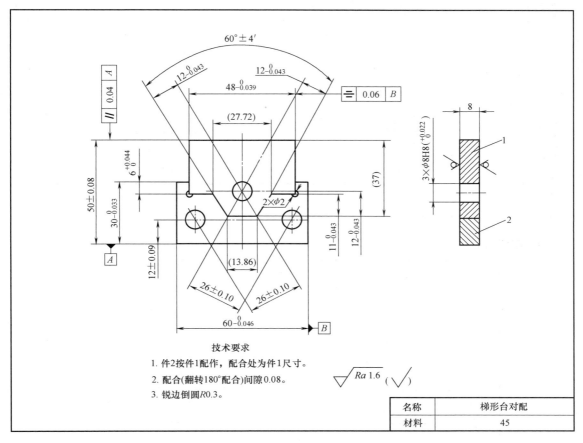

图 5-4　梯形台对配

3. 评分表（见表 5-5）

表 5-5　梯形台对配评分表

考核项目	考核内容	考核要求	配分	评分标准	扣分	得分
主要项目	配合间隙	≤0.08mm	14	超差 0.02mm 以上不得分		
	尺寸精度	$60_{-0.046}^{0}$mm	6	超差不得分		
	尺寸精度	（12±0.09）mm	5	超差不得分		
	尺寸精度	$48_{-0.039}^{0}$mm	5	超差不得分		
	尺寸精度	$30_{-0.033}^{0}$mm	5	超差不得分		
	平行度公差	0.04mm	4	大于 0.08mm 不得分		
	对称度公差	0.06mm	4	大于 0.12mm 不得分		
	尺寸精度	$6_{0}^{+0.048}$mm	4	超差不得分		
	角度公差	60°±4′	4	超差不得分		
	尺寸精度	（50±0.08）mm	4	超差不得分		
	φ8 孔精度	$φ8_{0}^{+0.022}$mm（件2）	4	超差不得分		

（续）

考核项目	考核内容	考核要求	配分	评分标准	扣分	得分
一般项目	尺寸精度	$12_{-0.043}^{0}$mm（3处）	9	超差不得分		
	ϕ8mm孔精度	$\phi 8_{0}^{+0.022}$mm（件1）	2	超差不得分		
	表面粗糙度	$Ra1.6\mu m$（12处）	20	超差不得分		
	尺寸精度	(26 ± 0.10)mm（2处）	6	超差不得分		
	尺寸精度	$11_{-0.043}^{0}$mm	4	超差不得分		
安全文明生产	1. 按国家颁发的有关法规或行业（企业）的规定 2. 按行业（企业）自定的有关规定			扣分不超过10分		
工时定额	5h			根据超工时定额情况扣分		

5.2.5　制作平行垫块

1. 图样（图5-5）

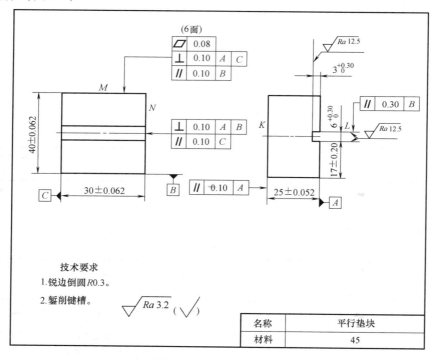

图5-5　平行垫块零件图

2. 考核内容

1）尺寸公差、几何公差及表面粗糙度值应达到图样要求。

2）锯削面应一次完成，不准修锉。

3）不准用砂布打光加工表面。

4）工时定额4h。

5）安全文明生产。安全操作；合理使用工具、辅具、量具；工作环境整洁。

3. 评分表（见表 5-6）

表 5-6　制作平行垫块评分表

考核项目	考核内容	考核要求	配分	评分标准	扣分	得分
主要项目	30mm	(30 ± 0.062) mm	10	超差不得分		
		$Ra3.2\mu m$	2	大于 $Ra6.3\mu m$ 不得分		
	40mm	(40 ± 0.062) mm	10	超差不得分		
		$Ra3.2\mu m$	2	大于 $Ra6.3\mu m$ 不得分		
	25mm	(25 ± 0.052) mm	10	超差不得分		
		$Ra3.2\mu m$	2	大于 $Ra6.3\mu m$ 不得分		
	17mm	(17 ± 0.20) mm	6	超差不得分		
	6mm	$6_{0}^{+0.30}$ mm	7	超差不得分		
		$Ra12.5\mu m$	1	超差不得分		
	3mm	$3_{0}^{+0.30}$ mm	6	超差不得分		
		$Ra12.5\mu m$	1	超差不得分		
一般项目	6 面	平面度公差 0.08mm	18	每处超差扣 3 分		
	L 处	平行度公差 0.30mm	5	超差不得分		
	K、M 及 N 处	平行度公差 0.10mm	12	每处超差扣 4 分		
	M 及 N 处	垂直度公差 0.10mm	8	每处超差扣 4 分		
	未列尺寸及表面粗糙度			每处超差扣 1 分		
	外观			毛刺、损伤、畸形等扣 1~5 分，未加工或严重畸形另扣 5 分		
安全文明生产	1. 国家颁布的安全生产法规或行业（企业）的规定	1. 达到有关规定的标准		1. 按违反有关规定程度扣 1~5 分		
	2. 企业有关文明生产规定	2. 周围场地整洁，工、量、夹具零件摆放合理		2. 按不整洁和不合理程度扣 1~5 分		
工时定额	4h			超过定额小于 10min 扣 4 分；超 10~30min 扣 10 分；超过 30min 不计分		

5.2.6　制作燕尾块

1. 图样（图 5-6）

2. 考核内容

1）尺寸公差、几何公差及表面粗糙度值应达到图样要求。

2）不准用砂布打光加工表面。

3）工时定额 4h。

4）安全文明生产。安全操作；合理使用工具、辅具、量具；工作环境整洁。

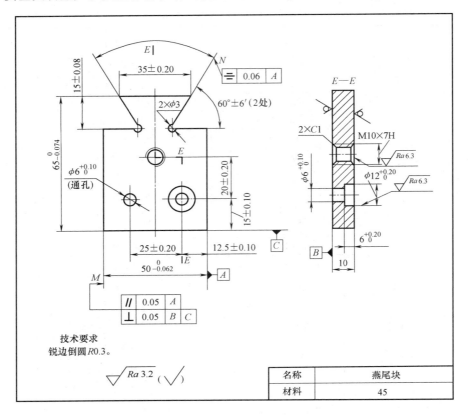

图 5-6　燕尾块零件图

3. 评分表（见表 5-7）

表 5-7　制作燕尾块评分表

考核项目	考核内容	考核要求	配分	评分标准	扣分	得分
主要项目	65mm	$65_{-0.074}^{0}$ mm	8	超差不得分		
		$Ra3.2\mu m$	2	大于 $Ra6.3\mu m$ 不得分		
	50mm	$50_{-0.062}^{0}$ mm	8	超差不得分		
		$Ra3.2\mu m$	2	大于 $Ra6.3\mu m$ 不得分		
	35mm	（35±0.20）mm	6	超差不得分		
	15mm	（15±0.08）mm	8	超差不得分		
	20mm	（20±0.20）mm	2	超差不得分		
	15mm	（15±0.10）mm	2	超差不得分		
	12.5mm	（12.5±0.10）mm	2	超差不得分		
	25mm	（25±0.20）mm	4	超差不得分		
	6mm	$6_{0}^{+0.20}$ mm	3	超差不得分		
	60°	60°±6'（2处）	10	每处超差扣 5 分		
		$Ra3.2\mu m$	4	大于 $Ra6.3\mu m$ 不得分		
	$\phi6$	$\phi6_{0}^{+0.10}$ mm（2 处）	4	每处超差扣 2 分		

（续）

考核项目	考核内容	考核要求	配分	评分标准	扣分	得分
一般项目	$\phi 12$	$\phi 12^{+0.20}_{0}$ mm	3	超差不得分		
		$Ra6.3\mu m$	2	大于 $Ra12.5\mu m$ 不得分		
	$C1$	$C1$（2 处）	2	每处超差扣 1 分		
	M10	M10×7H	4	超差不得分		
		$Ra6.3\mu m$	2	大于 $Ra12.5\mu m$ 不得分		
	M 处	平行度公差 0.05mm	6	超差不得分		
		垂直度公差 0.05mm	7	超差不得分		
	N 处	对称度公差 0.06mm	9	超差不得分		
	未列尺寸及 Ra			每超差一处扣 1 分		
	外观			毛刺、损伤、畸形等扣 1~5 分，未加工或严重畸形另扣 5 分		
安全文明生产	1. 国家颁布的安全生产法规或行业（企业）的规定	1. 达到有关规定的标准		1. 按违反有关规定程度扣 1~5 分		
	2. 企业有关文明生产规定	2. 周围场地整洁，工具、量具、夹具、零件摆放合理		2. 按不整洁和不合理程度扣 1~5 分		
工时定额	4h			超过定额小于 10min 扣 4 分；超 10~30min 扣 10 分；超过 30min 不计分		

5.2.7　制作工字形板

1. 图样（图 5-7）

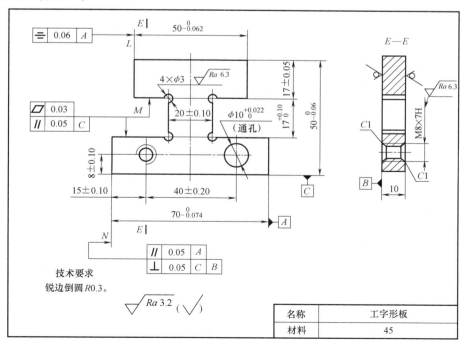

技术要求
锐边倒圆 $R0.3$。

名称	工字形板
材料	45

图 5-7　工字形板零件图

2. 考核内容

1）尺寸公差、几何公差及表面粗糙度值应达到图样要求。

2）不准用砂布打光加工表面。

3）工时定额 4h。

4）安全文明生产。安全操作；合理使用工具、辅具、量具；工作环境整洁。

3. 评分表（见表 5-8）

表 5-8　制作工字形板评分表

考核项目	考核内容	考核要求	配分	评分标准	扣分	得分
主要项目	70mm	$70_{-0.074}^{0}$	8	超差不得分		
		$Ra3.2\mu m$	2	大于 $Ra6.3\mu m$ 不得分		
	50mm	$50_{-0.062}^{0}$	8	超差不得分		
		$Ra3.2\mu m$	2	大于 $Ra6.3\mu m$ 不得分		
	50mm	$50_{-0.06}^{0}$	5	超差不得分		
		$Ra3.2\mu m$	1	超差不得分		
	17mm	$(17\pm0.05)mm$	6	超差不得分		
		$Ra3.2\mu m$	1	超差不得分		
	17mm	$17_{0}^{+0.10}mm$	4	超差不得分		
		$Ra3.2\mu m$	1	超差不得分		
	20	$(20\pm0.10)mm$	5	超差不得分		
		$Ra3.2\mu m$	2	大于 $Ra6.3\mu m$ 不得分		
	40	$(40\pm0.20)mm$	4	超差不得分		
	15	$(15\pm0.10)mm$	2	超差不得分		
	8	$(8\pm0.10)mm$	2	超差不得分		
	C1（2 处）	C1	2	超差不得分		
	$\phi10$	$\phi10_{0}^{+0.022}mm$	6	超差不得分		
		$Ra3.2\mu m$	2	大于 $Ra6.3\mu m$ 不得分		
一般项目	M8	M8×7H	4	超差不得分		
		$Ra6.3\mu m$	2	大于 $Ra12.5\mu m$ 不得分		
	M（2 处）	平面度公差 0.03mm	6	每处超差扣 3 分		
		平行度公差 0.05mm	6	每处超差扣 3 分		
	N 处	平行度公差 0.05mm	5	超差不得分		
		垂直度公差 0.05mm	6	超差不得分		
	L 处	对称度公差 0.06mm	8	超差不得分		
	未列尺寸及 Ra			每超差一处扣 1 分		
	外观			毛刺、损伤、畸形等扣 1~5 分，未加工或严重畸形另扣 5 分		
安全文明生产	1. 国家颁布的安全生产法规或行业（企业）的规定	1. 达到有关规定的标准		1. 按违反有关规定程度扣 1~5 分		
	2. 企业有关文明生产规定	2. 周围场地整洁,工具、量具、夹具、零件摆放合理		2. 按不整洁和不合理程度扣 1~5 分		
工时定额	4h			超过定额小于 10min 扣 4 分；超 10~30min 扣 10 分；超过 30min 不计分		

5.2.8 制作角度拼块

1. 图样（图5-8）

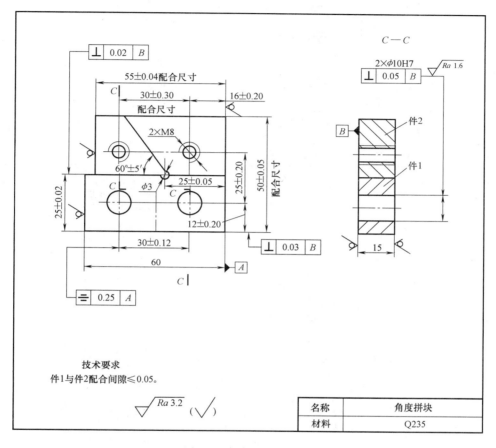

图 5-8 角度拼块零件图

2. 考核内容

1）尺寸公差、几何公差、表面粗糙度值应达到图样要求。

2）不准用砂布打光加工表面。

3）工时定额 4.5h。

4）安全文明生产。安全操作；合理使用工具、量具、夹具；工作环境整洁。

3. 评分表（见表5-9）

表 5-9 制作角度拼块评分表

考核项目	考核内容	考核要求	配分	评分标准	扣分	得分
主要项目	锉削	（25±0.02）mm	5	超差不得分		
	锉削	（25±0.05）mm	5	每超差 0.02mm 扣 1 分，超差 0.1mm 以上不得分		
	表面粗糙度	$Ra3.2\mu m$（7处）	10	每降低一级扣 1 分		

（续）

考核项目	考核内容	考核要求	配分	评分标准	扣分	得分
主要项目	$\phi 10H7$ 孔距	（30±0.12）mm	6	每超差 0.1mm 扣 2 分，超差 0.2mm 以上不得分		
	配合间隙	不大于 0.05mm（2 处）	16	超差不得分		
	配合尺寸	（55±0.04）mm	8	超差不得分		
	配合（螺孔中心）	（30±0.30）mm	5	超差不得分		
	配合尺寸	（50±0.05）mm	8	超差不得分		
	锉削角度	60°±5′	5	超差不得分		
	位置公差	垂直度公差 0.02mm	5	超差不得分		
一般项目	攻螺纹	2×M8	4	不符合要求不得分		
	加工尺寸	（25±0.20）mm	5	每超差 0.1mm 扣 1 分，超差 0.2mm 以上不得分		
	螺纹表面粗糙度	$Ra3.2\mu m$（2 处）	4	超差不得分		
	钻铰 $\phi 10H7$ 孔	2×$\phi 10H7$	3	超差不得分		
	位置公差	对称度公差 0.25	5	每超差 0.1mm 扣 1 分，超差 0.2mm 以上不得分		
	位置公差	垂直度公差 0.05mm	3	每超差 0.02mm 扣 1 分		
	位置公差	垂直度公差 0.03mm	3	超差不得分		
安全文明生产	1. 国家颁布的安全生产法规或行业（企业）的规定	1. 达到有关规定的标准		1. 按违反有关规定程度扣 1~5 分		
	2. 企业有关文明生产规定	2. 周围场地整洁，工具、量具、夹具、零件摆放合理		2. 按不整洁和不合理程度扣 1~5 分		
工时定额	4.5h			超过定额 30min 扣 10 分，未完成项目不计分		

5.3 中等复杂零件手工制作技能训练

5.3.1 制作双圆弧样板

1. 图样（图 5-9）

2. 考核内容

1）尺寸公差、几何公差及表面粗糙度值应达到图样要求。

2）不准用砂布打光加工表面。

3）配合间隙不大于 0.05mm。

4）工时定额 5h。

5）安全文明生产。安全操作；合理使用工具、辅具、量具；工作环境整洁。

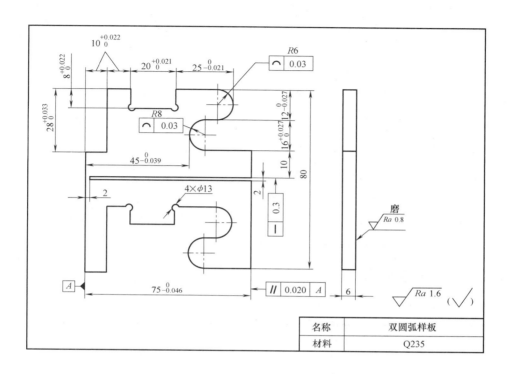

图 5-9　双圆弧样板

3. 评分表（见表 5-10）

表 5-10　制作双圆弧样板评分表

考核项目	考核内容	考核要求	配分	评分标准	扣分	得分
主要项目	75mm	$75_{-0.046}^{0}$ mm	5	超差不得分		
	45mm	$45_{-0.039}^{0}$ mm	5	超差不得分		
	10mm	$10_{0}^{+0.022}$ mm	5	超差不得分		
	10mm	$10_{0}^{+0.022}$ mm	5	超差不得分		
	20mm	$20_{0}^{+0.021}$ mm	6	超差不得分		
	25mm	$25_{-0.021}^{0}$ mm	5	超差不得分		
	28mm	$28_{0}^{+0.033}$ mm	5	超差不得分		
	8mm	$8_{0}^{+0.022}$ mm	5	超差不得分		
	12mm	$12_{-0.027}^{0}$ mm	5	超差不得分		
	16mm	$16_{0}^{+0.027}$ mm	5	超差不得分		
	配合间隙（11处）	≤0.05mm	22	每处超差扣2分		

（续）

考核项目	考核内容	考核要求	配分	评分标准	扣分	得分
一般项目	平行度公差	0.020mm	5	超差不得分		
	直线度公差	0.3mm	6	超差不得分		
	线轮廓度公差（2处）	0.03mm	8	每处超差扣4分		
	未列尺寸及表面粗糙度	$Ra1.6\mu m$	8	每处超差扣1分		
安全文明生产	1. 国家颁布的安全生产法规或行业（企业）的规定	1. 达到有关规定的标准		1. 按违反有关规定程度扣1~5分		
	2. 企业有关文明生产规定	2. 周围场地整洁，工具、量具、夹具、零件摆放合理		2. 按不整洁和不合理程度扣1~5分		
工时定额	5h			超过定额小于10min扣4分；超10~30min扣10分；超过30min不计分		

5.3.2 制作棱形镶配件

1. 图样（图5-10）

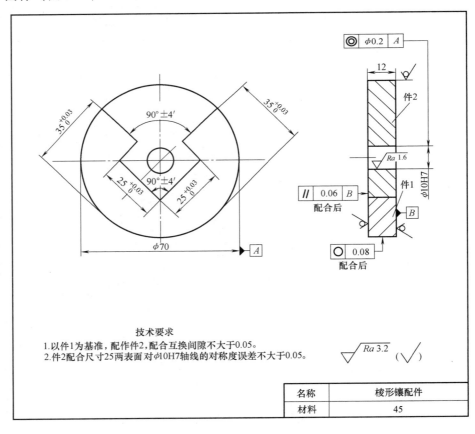

技术要求

1.以件1为基准，配作件2，配合互换间隙不大于0.05。
2.件2配合尺寸25两表面对$\phi10H7$轴线的对称度误差不大于0.05。

名称	棱形镶配件
材料	45

图5-10 棱形镶配件零件图

2. 考核内容

1）尺寸公差、几何公差及表面粗糙度值应达到图样要求。

2）不准用砂布打光加工表面。

3）配合间隙不大于0.05mm。

4）工时定额6h。

5）安全文明生产。安全操作；合理使用工具、辅具、量具；工作环境整洁。

3. 评分表（见表5-11）

表5-11 制作棱形镶配件评分表

考核项目	考核内容	考核要求	配分	评分标准	扣分	得分
主要项目	锉削35尺寸精度（2处）	$35^{+0.03}_{0}$mm	12	超差不得分		
	锉削25尺寸精度（2处）	$25^{+0.03}_{0}$mm	12	超差不得分		
	锉削90°角度（2处）	$90°\pm4'$	12	超差不得分		
	间隙（6处）	≤0.05mm	24	每超差0.01mm扣1分，超差0.15mm以上不得分		
	同轴度公差	ϕ0.2mm	10	超差不得分		
	平行度公差	0.06mm	10	超差不得分		
	圆度公差	0.08mm	6	超差不得分		
一般项目	表面粗糙度	Ra3.2μm（12处）	9	超差不得分		
	表面粗糙度	Ra1.6μm	2	超差不得分		
	钻铰孔	ϕ10H7	3	超差不得分		
安全文明生产	1. 国家颁布的安全生产法规或行业（企业）的规定	1. 达到有关规定的标准		1. 按违反有关规定程度扣1~5分		
	2. 企业有关文明生产规定	2. 周围场地整洁，工具、量具、夹具、零件摆放合理		2. 按不整洁和不合理程度扣1~5分		
工时定额	6h			超过定额小于10min扣4分；超10~30min扣10分；超过30min不计分		

5.3.3 制作斜台换位对配

1. 图样（图5-11）

2. 考核内容

1）尺寸公差、几何公差及表面粗糙度值应达到图样要求。

2）不准用砂布打光加工表面。

3）配合间隙不大于0.06mm。

4）工时定额4h。

5）安全文明生产。安全操作；合理使用工具、量具、夹具；工作环境整洁。

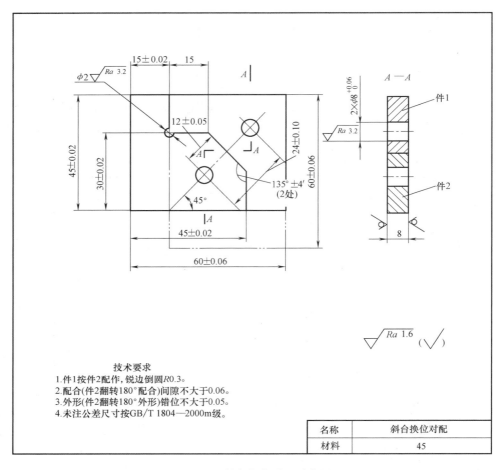

技术要求
1.件1按件2配作,锐边倒圆R0.3。
2.配合(件2翻转180°配合)间隙不大于0.06。
3.外形(件2翻转180°外形错位不大于0.05。
4.未注公差尺寸按GB/T 1804—2000m级。

名称	斜台换位对配
材料	45

图 5-11　斜台换位对配零件图

3. 评分表（见表5-12）

表 5-12　制作斜台换位对配评分表

考核项目	考核内容	考核要求	配分	评分标准	扣分	得分
主要项目	45mm（2处）	（45±0.02）mm	12	每处超差扣6分		
		Ra1.6μm	4	每处超差扣2分		
	15mm	（15±0.02）mm	6	超差不得分		
		Ra1.6μm	2	超差不得分		
	135°（2处）	135°±4′	10	每处超差扣5分		
		Ra1.6μm	2	每处超差扣1分		
	12mm	（12±0.05）mm	4	超差不得分		
		Ra1.6μm	2	超差不得分		
	60mm（2处）	（60±0.06）mm	12	每处超差扣6分		
		Ra1.6μm	2	每处超差扣1分		
	24mm	（24±0.10）mm	8	超差不得分		
	配合间隙	≤0.06mm	16	每处超差扣4分		
	外形错位	≤0.05mm	8	每处错位扣1分		

（续）

考核项目	考核内容	考核要求	配分	评分标准	扣分	得分
一般项目	孔 $\phi8\text{mm}$（2 处）	$\phi8^{+0.06}_{0}\text{mm}$	4	每处超差扣 2 分		
		$Ra3.2\mu\text{m}$	2	每处超差扣 1 分		
	30mm	（30±0.02）mm	6	超差不得分		
安全文明生产	1. 国家颁布的安全生产法规或行业（企业）的规定	1. 达到有关规定的标准		1. 按违反有关规定程度扣 1~5 分		
	2. 企业有关文明生产规定	2. 周围场地整洁，工具、量具、夹具、零件摆放合理		2. 按不整洁和不合理程度扣 1~5 分		
工时定额	4h			超过定额小于 10min 扣 4 分；超过 10~30min 扣 10 分；超过 30min 不计分		

5.3.4 制作燕尾对配

1. 图样（图 5-12）

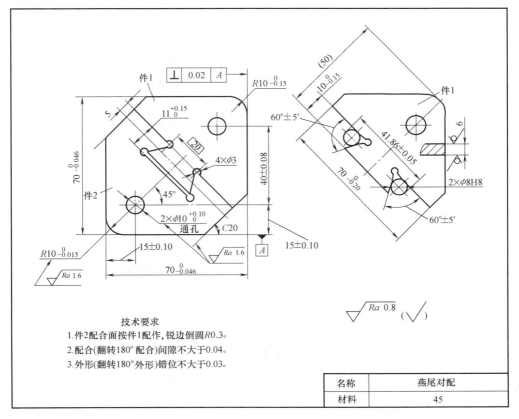

图 5-12 燕尾对配零件图

技术要求
1.件2配合面按件1配作,锐边倒圆R0.3。
2.配合(翻转180°配合)间隙不大于0.04。
3.外形(翻转180°外形)错位不大于0.03。

名称	燕尾对配
材料	45

2. 考核内容

1）尺寸公差、几何公差及表面粗糙度值应达到图样要求。

2）不准用砂布打光加工表面。

3）配合间隙不大于 0.04mm，外形错位不大于 0.03mm。

4）工时定额 5h。

5）安全文明生产。安全操作；合理使用工具、量具、夹具；工作环境整洁。

3. 评分表（见表 5-13）

表 5-13　制作燕尾对配评分表

考核项目	考核内容	考核要求	配分	评分标准	扣分	得分
主要项目	70mm（2 处）	$70_{-0.046}^{0}$ mm	12	超差不得分		
		$Ra0.8\mu$m（2 处）	4	每处超差扣 2 分		
	70mm	$70_{-0.20}^{0}$ mm	6	超差不得分		
		$Ra0.8\mu$m（2 处）	2	每处超差扣 1 分		
	孔 ϕ10mm（2 处）	$\phi10_{0}^{+0.10}$ mm	4	每处超差扣 2 分		
		$Ra1.6\mu$m	2	每处超差扣 1 分		
	15mm（2 处）	（15±0.10）mm	2	每处超差扣 1 分		
	40mm	（40±0.08）mm	3	超差不得分		
	11mm（件 2）	$11_{0}^{+0.15}$ mm	2	超差不得分		
		$Ra0.8\mu$m	1	超差不得分		
	10mm（件 1）	$10_{-0.15}^{0}$ mm	2	超差不得分		
		$Ra0.8\mu$m	1	超差不得分		
	41.86mm	（41.86±0.05）mm	10	超差不得分		
	60°（2 处）	60°±5′	10	每处超差扣 5 分		
		$Ra0.8\mu$m	4	每处超差扣 2 分		
	配合间隙	≤0.04mm	18	超差一处扣 4.5 分		
	外形错位	≤0.03mm	5	每处超差扣 1 分		
一般项目	垂直度公差	0.02mm	4	超差不得分		
	C20（2 处）	C20	3	超差不得分		
		$Ra1.6\mu$m	1	超差不得分		
	半径 R10mm（2 处）	$R10_{-0.15}^{0}$ mm	3	超差不得分		
		$Ra1.6\mu$m	1	超差不得分		
安全文明生产	1. 国家颁布的安全生产法规或行业（企业）的规定	1. 达到有关规定的标准		1. 按违反有关规定程度扣 1~5 分		
	2. 企业有关文明生产规定	2. 周围场地整洁，工具、量具、夹具、零件摆放合理		2. 按不整洁和不合理程度扣 1~5 分		
工时定额	5h			超过定额小于 10min 扣 4 分；超过 10~30min 扣 10 分；超过 30min 不计分		

5.3.5　制作双直角对配

1. 图样（图 5-13）

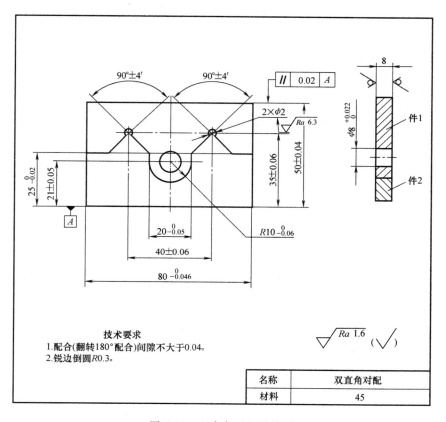

图 5-13　双直角对配零件图

2. 考核内容

1）尺寸公差、几何公差及表面粗糙度值应达到图样要求。

2）不准用砂布打光加工表面。

3）配合间隙不大于 0.04mm。

4）工时定额 6h。

5）安全文明生产。安全操作；合理使用工具、量具、夹具；工作环境整洁。

3. 评分表（见表 5-14）

表 5-14　制作双直角对配评分表

考核项目	考核内容	考核要求	配分	评分标准	扣分	得分
主要项目	80mm	$80_{-0.046}^{0}$mm	6	超差不得分		
		$Ra1.6\mu m$	2	超差不得分		
	20mm	$20_{-0.05}^{0}$mm	6	超差不得分		
		$Ra1.6\mu m$	2	超差不得分		
	40mm	（40±0.06）mm	8	超差不得分		

（续）

考核项目	考核内容	考核要求	配分	评分标准	扣分	得分
主要项目	孔 $\phi 8$mm	$\phi 8^{+0.022}_{0}$mm	3	超差不得分		
		$Ra1.6\mu$m	2	超差不得分		
	半径 $R10$mm	$R10^{0}_{-0.06}$mm	4	超差不得分		
		$Ra1.6\mu$m	2	超差不得分		
	35mm（2 处）	（35±0.06）mm	8	每处超差扣 2 分		
		$Ra1.6\mu$m	2	超差不得分		
	25mm（2 处）	$25^{0}_{-0.02}$mm	8	每处超差扣 4 分		
		$Ra1.6\mu$m	2	超差不得分		
	90°（2 处）	90°±4′	8	每处超差扣 4 分		
		$Ra1.6\mu$m	2	超差不得分		
	配合间隙	≤0.04mm	18	超差一处扣 2 分		
一般项目	50mm	（50±0.04）mm	6	超差不得分		
		$Ra1.6\mu$m	2	超差不得分		
	21mm	（21±0.05）mm	3	超差不得分		
	平行度公差	0.02mm	6	超差不得分		
安全文明生产	1. 国家颁布的安全生产法规或行业（企业）的规定	1. 达到有关规定的标准		1. 按违反有关规定程度扣 1~5 分		
	2. 企业有关文明生产规定	2. 周围场地整洁，工具、量具、夹具、零件摆放合理		2. 按不整洁和不合理程度扣 1~5 分		
工时定额		6h		超过定额小于 10min 扣 4 分；超过 10~30min 扣 10 分；超过 30min 不计分		

5.3.6 制作圆柱五角体

1. 图样（图 5-14）

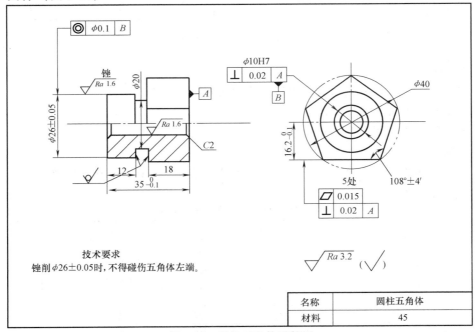

图 5-14 圆柱五角体零件图

2. 考核内容

1）尺寸公差、几何公差、表面粗糙度值应达到图样要求。

2）不准用砂布打光加工表面。

3）工时定额 4h。

4）安全文明生产。安全操作；合理使用工具、夹具、量具；工作环境整洁。

3. 评分表（见表 5-15）

表 5-15 制作圆柱五角体评分表

考核项目	考核内容	考核要求	配分	评分标准	扣分	得分
主要项目	锉削五方	$16.2_{-0.1}^{0}$ mm（5 处）	20	超差不得分		
	锉削角度	$108°±4'$（5 处）	15	超差不得分		
	锉削外圆	$(\phi26±0.05)$ mm	15	每超差 0.01mm 扣 1 分超差 0.02mm 以上不得分		
	同轴度公差	$\phi0.10$mm	17	超差不得分		
	平面度公差	0.015mm（5 处）	5	超差不得分		
	垂直度公差	0.02mm（5 处）	5	超差不得分		
	$\phi10$H7 垂直度公差	0.02mm	4	超差不得分		
一般项目	表面粗糙度	$Ra3.2\mu$m（7 处）	7	超差不得分		
	$\phi26$ 外圆表面粗糙度	$Ra1.6\mu$m	4	超差不得分		
	$\phi10$H7 孔表面粗糙度	$Ra1.6\mu$m	4	超差不得分		
	$\phi10$H7 孔尺寸精度	$\phi10$H7	4	超差不得分		
安全文明生产	1. 国家颁布的安全生产法规或行业（企业）的规定	1. 达到有关规定的标准		1. 按违反有关规定程度扣 1~5 分		
	2. 企业有关文明生产规定	2. 周围场地整洁，工具、量具、夹具、零件摆放合理		2. 按不整洁和不合理程度扣 1~5 分		
工时定额	4h			超过定额 30min 扣 10分，未完成项目不计分		

5.3.7 制作 R 形镶配件

1. 图样（图 5-15）

2. 考核内容

1）尺寸公差、几何公差、表面粗糙度值应达到图样要求。

2）锯削面应一次完成，不准修锉。

3）不准用砂布打光加工表面。

4）工时定额 7h。

5）安全文明生产。安全操作；合理使用工具、量具、夹具；工作环境整洁。

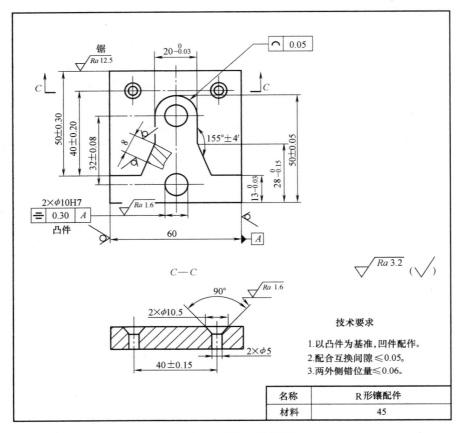

图 5-15　R 形镶配件零件图

3. 评分表（见表5-16）

表 5-16　制作 R 形镶配件评分表

考核项目	考核内容	考核要求	配分	评分标准	扣分	得分
主要项目	锉削	$20_{-0.03}^{0}$ mm	5	超差不得分		
	锉削	$13_{-0.03}^{0}$ mm（2 处）	6	超差不得分		
	锉削	（50±0.05）mm	5	超差不得分		
	锉削角度	155°±4′（2 处）	5	每超差 2′ 扣 1 分，超差 4′ 以上不得分		
	2×ϕ10H7 孔中心距	（32±0.08）mm	8	每超差 0.05mm 扣 1 分，超差 0.15mm 以上不得分		
	对称度公差	0.30mm	8	每超 0.1mm 扣 1 分，超差 0.2mm 以上不得分		
	锯削	（50±0.30）mm	7	超差不得分		
	配合间隙	≤0.05mm（7 处）	21	每超差 0.01mm 扣 1 分，超差 0.02mm 以上不得分		
	配合错位量	≤0.06mm	10	超差不得分		

（续）

考核项目	考核内容	考核要求	配分	评分标准	扣分	得分
一般项目	线轮廓度公差	0.05mm	4	超差不得分		
	表面粗糙度	$Ra3.2\mu m$（15 处）	8	超差不得分		
	钻铰孔	$2\times\phi10H7$	2	超差不得分		
	钻铰孔表面粗糙度	$Ra1.6\mu m$（2 处）	5	超差不得分		
	$2\times\phi5$ 孔中心距	（40±0.15）mm	3	超差不得分		
	锯削表面粗糙度	$Ra12.5\mu m$	3	每降低一级扣 1.5 分		
安全文明生产	1. 国家颁布的安全生产法规或行业（企业）的规定	1. 达到有关规定的标准		1. 按违反有关规定程度扣 1~5 分		
	2. 企业有关文明生产规定	2. 周围场地整洁，工具、量具、夹具、零件摆放合理		2. 按不整洁和不合理程度扣 1~5 分		
工时定额	7h			超过定额 30min 扣 10 分，未完成项目不计分		

5.3.8 制作方孔圆柱

1. 图样（图 5-16）

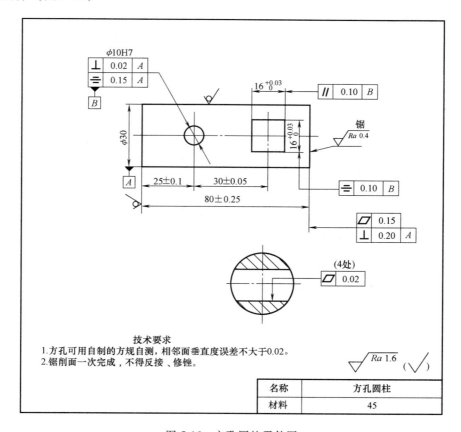

图 5-16 方孔圆柱零件图

2. 考核内容

1）尺寸公差、几何公差、表面粗糙度值应达到图样要求。

2）锯削面应一次完成，不准反接、修锉。

3）不准用砂布打光加工表面。

4）工时定额 5h。

5）安全文明生产。安全操作；合理使用工具、量具、夹具；工作环境整洁。

3. 评分表（见表 5-17）

表 5-17　制作方孔圆柱评分表

考核项目	考核内容	考核要求	配分	评分标准	扣分	得分
主要项目	加工方孔（16×16）	$16^{+0.03}_{0}$mm（2 处）	16	超差不得分		
	中心尺寸	（30±0.05）mm	7	超差不得分		
	对称度公差	0.10mm	10	超差不得分		
	方孔相邻面垂直度误差	≤0.02mm	6	超差不得分		
	平行度公差	0.10mm	8	超差不得分		
	尺寸精度	（25±0.1）mm	8	超差 0.05mm 扣 2 分，超差 0.1mm 以上不得分		
	ϕ10H7 垂直度公差	0.02mm	4	超差不得分		
	ϕ10H7 对称度公差	0.15mm	10	超差 0.1mm，扣 2 分，超差 0.2mm 以上不得分		
	方孔平面度公差	0.02mm（4 处）	8	超差不得分		
一般项目	钻铰孔	ϕ10H7	5	超差不得分		
	锯削	（80±0.25）mm	6	超差不得分		
	垂直度公差	0.20mm	3	超差不得分		
	平面度公差	0.15mm	3	每超差 0.1mm 扣 1.5 分		
	表面粗糙度	Ra1.6μm（5 处）	6	超差不得分		
安全文明生产	1. 国家颁布的安全生产法规或行业（企业）的规定	1. 达到有关规定的标准		1. 按违反有关规定程度扣 1~5 分		
	2. 企业有关文明生产规定	2. 周围场地整洁，工具、量具、夹具、零件摆放合理		2. 按不整洁和不合理程度扣 1~5 分		
工时定额	5h			超过定额 30min 扣 10 分，未完成项目不计分		

参 考 文 献

[1] 王建英. 工具钳工技能培训与鉴定考试用书（中级）[M]. 济南：山东科学技术出版社，2009.

[2] 机械工业职业技能鉴定指导中心. 工具钳工技能鉴定考核试题库 [M]. 北京：机械工业出版社，2000.

[3] 中国就业培训技术指导中心. 工具钳工（初级）[M]. 2版. 北京：中国劳动社会保障出版社，2014.

[4] 中国就业培训技术指导中心. 工具钳工（中级）[M]. 2版. 北京：中国劳动社会保障出版社，2016.

[5] 夏红民. 钳工入门 [M]. 合肥：安徽科学技术出版社，2016.

[6] 卢小虎. 模具工入门 [M]. 合肥：安徽科学技术出版社，2005.

[7] 聂正斌. 工具钳工 [M]. 武汉：湖北科学技术出版社，2009.

[8] 劳动和社会保障部教材办公室. 公差配合与技术测量基础 [M]. 2版. 北京：中国劳动社会保障出版社，2000.

[9] 王俊英. 汽车机械基础 [M]. 北京：人民邮电出版社，2016.

[10] 吴全生. 机修钳工（初级）[M]. 2版. 北京：机械工业出版社，2012.

[11] 吴开禾. 钳工 [M]. 福州：福建科学技术出版社，2006.

[12] 骆行. 钳工 [M]. 成都：电子科技大学出版社，2004.

[13] 董代进，胡云翔，饶传锋. 装配钳工 [M]. 重庆：重庆大学出版社，2007.

[14] 王国玉，苏全卫. 钳工技术基本功 [M]. 北京：人民邮电出版社，2011.

[15] 张品文，郝培军，周明锋. 钳工工艺与技能实训 [M]. 济南：山东科学技术出版社，2012.

[16] 劳动和社会保障部教材办公室. 机修钳工（初级、中级、高级）[M]. 北京：中国劳动社会保障出版社，2003.

[17] 普建能. 工具钳工实训 [M]. 北京：经济管理出版社，2015.

[18] 侯春盛，李万吉. 钳工技术 [M]. 北京：北京理工大学出版社，2015.

[19] 钟翔山，钟礼耀. 实用钳工操作技法 [M]. 北京：机械工业出版社，2014.

[20] 丁仁亮. 金属材料及热处理 [M]. 5版. 北京：机械工业出版社，2016.